情商高的人，从来不会输在情绪上

曾杰

著

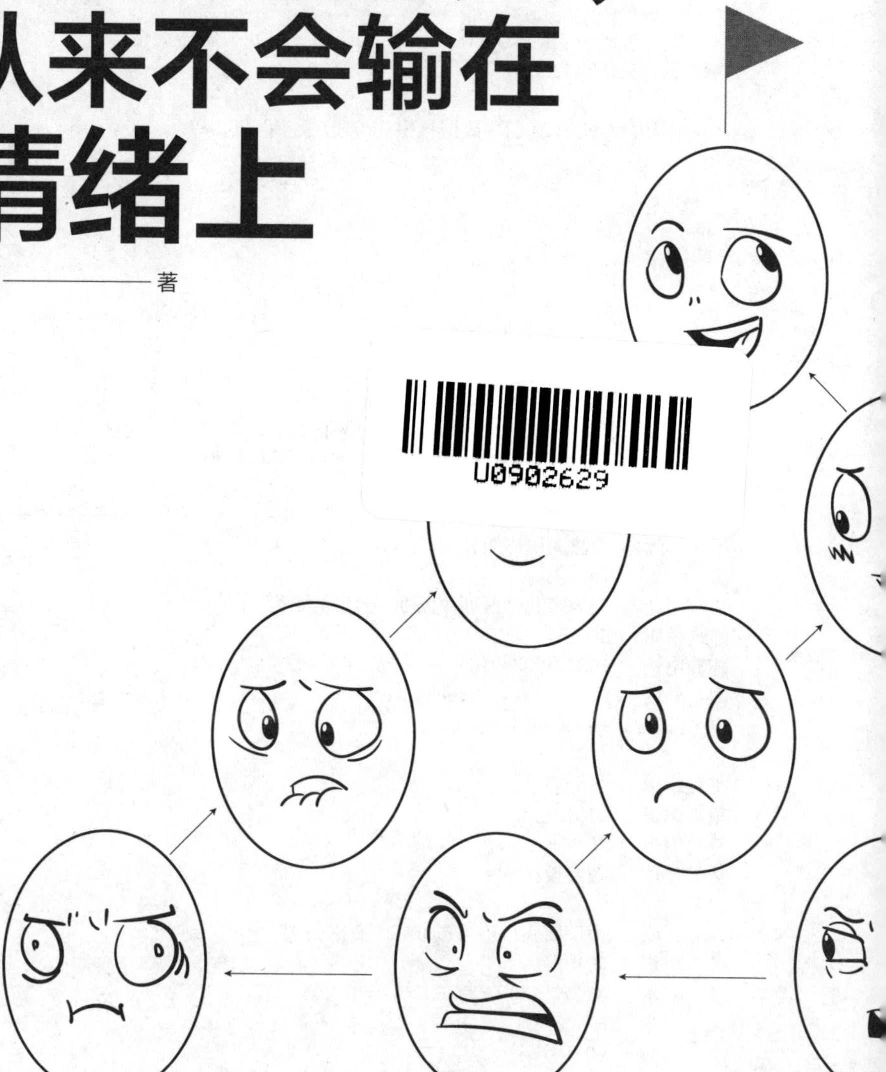

天津出版传媒集团
天津人民出版社

图书在版编目（CIP）数据

情商高的人，从来不会输在情绪上 / 曾杰著 . -- 天津：天津人民出版社，2019.11
ISBN 978-7-201-15264-6

Ⅰ．①情… Ⅱ．①曾… Ⅲ．①情绪－自我控制－通俗读物 Ⅳ．①B842.6-49

中国版本图书馆 CIP 数据核字（2019）第 206062 号

情商高的人，从来不会输在情绪上
QINGSHANGGAO DE REN CONGLAI BUHUI SHUZAI QINGXUSHANG
曾杰 著

出　　版　天津人民出版社
出 版 人　刘　庆
地　　址　天津市和平区西康路 35 号康岳大厦
邮政编码　300051
邮购电话　（022）23332469
网　　址　http://www.tjrmcbs.com
电子邮箱　reader@tjrmcbs.com

责任编辑　王昊静
策划编辑　曾柯杰
特约编辑　花　火
装帧设计　尧丽设计

印　　刷　大厂回族自治县彩虹印刷有限公司
经　　销　新华书店
开　　本　880×1230 毫米　1/32
印　　张　6
字　　数　90 千字
版次印次　2019 年 11 月第 1 版　2019 年 11 月第 1 次印刷
定　　价　39.80 元

前言
Preface

有情绪不可怕，可怕的是没情商

情商的全称是情绪商数，英文缩写是大家熟悉的“EQ”。美国《时代》杂志专栏作家、哈佛大学心理学博士丹尼尔·戈尔曼在1995年出版了《情商：为什么情商比智商更重要》，之后情商的概念才引起全世界人们的关注。

情商包括五个方面的内容：认识自身情绪、管理情绪、自我激励、识别他人情绪、处理人际关系。

尽管定义很明确，但人们对情商的认识误区让无数人备受折磨。比如，“高情商＝任何时候都保持阳光心态”“高情商=让所有人都喜欢你”。事实上，很多人不但被其误导，而且还被其支配，出现行为偏差。

生活中不如意的事情总是有很多，而且每天都有。想要随时保持阳光心态，就要花精力去说服、安慰并鼓励自己。你心中的负能量越多，就越难以拥抱快乐。无论我们多优秀，总有人跟你性情相冲，互相看不顺眼。想让他们也喜欢你，就要付出千百倍的努力。无论哪种努力，都会耗费你很多心灵能量，限制你自由地表达真正的情绪。这便是维持“高情商”的成本。

一方面，很多人会觉得维持高情商的标准太高，根本不是人类能做到的，总会为自己的情绪失控找借口。另一方面，大家又因为自己没能达到标准而产生挫败感，变得越来越自卑，最终自暴自弃，成为放纵自己坏情绪、害人害己的低情商者。

何必如此内心矛盾呢？真正高情商的人，既不需要任何时候都保持阳光心态，也不需要讨所有人喜欢。

情商高的人从来不会输在情绪上。他们并非没有消极情绪，只是懂得如何把消极情绪调控到一个合理的水平，不让它恶性膨胀，以免影响自己的身心健康。

与此同时，他们也深知自己不可能、也没必要让所有人都喜欢。片面地取悦他人，却忘了呵护自己，这类人往往让自己不堪重负，越发害怕社交活动。因此，从人人求助的“老好人”变成人人嫌弃的“不够朋友的人”，只差一层窗户纸。

本书以情商为内核，重点解读日常生活中常见的各种消极情绪，旨在帮助大家提高情绪管理能力和自我治愈能力。只要我们学会正视消极情绪，积极与自己和解，真心关爱自己，内心自然会充满阳光和正能量。只有建立在这个基础上的情商，才具备真正的抗压能力和环境适应力。若能持之以恒，生活的道路将越走越宽。

鉴于编者水平所限，书中难免会有疏漏和错误之处，欢迎广大读者朋友批评指正。

目录

Contents

第三章 被拒绝是很常见的事，别让心灵创伤严重化

第四章 锻炼“社交肌肉”，治愈孤独带来的无助感

第五章 失去令人痛苦不堪，但创伤能促进情商成长

第一章

内心负能量过载，可能是非理性思维在作祟

负能量人人都有，但高情商人士可以较好地管理情绪，不让自己被心中的负能量压垮。可惜大多数人并不能控制好消极情绪的闸门，反而以各种非理性思维为借口，放任消极情绪像洪水一样蔓延。假如我们不能克服这些非理性思维的负面影响，就无法保持情绪和理智之间的平衡，更谈不上提高自己的情商了。

三种病态思维方式会降低情商

要点提示

a 了解灾难性思维以及这种思维方式的危害。

b 了解绝对化思维以及这种思维方式的危害。

c 了解不当合理化思维以及这种思维方式的危害。

在生活中，有的人古道热肠，令你心里暖暖的；有的人温柔体贴，治愈你的心灵创伤；有的人阳光幽默，帮你把烦恼抛到脑后；有的人坚韧不拔，鼓舞了你的斗志。虽然他们的性格不同，但都有出色的情商。他们既善于认识和管理自我情绪，又能比较准确地识别他人的情绪，给对方留下好印象。

高情商人士各有各的魅力，低情商人士却有着近似的共同特征。普通人对低情商人士的印象无非是情绪波动大、不顾别人的感受、任性胡为、精神容易崩溃等。他们性格差异虽大，但言行举止的表现差别不大。因为，这些人的身上都存在三种病态思维方式。

1. 灾难性思维：把什么事都恐怖化

假如你经常把“万一……怎么办”挂在嘴边，你一定会经常感到焦虑、烦躁、失落、担忧。因为你已经在用灾难性思维待人接物了。灾难性思维最糟糕的地方就是凡事都往坏处想，甚至把芝麻大的事情都想象得很恐怖。当你应该勇敢前进时，却在想“万一失败了怎么办”，就会开始畏首畏尾。当你应该坚决执行时，却在担心“万一弄错了怎么办”，就会变得犹豫不决。

> **情绪小词典**
>
> 厌倦（boredom）：
> 这个词于1853年首次出现在英语中，集中了受困、懒惰和漠不关心等消极感受。

想象中的灾难并没有发生，但你的精神已经被恐惧感折磨得几近崩溃。其实，在大多数情况下，事情比你想象中的更容易解决。然而，灾难性思维让你无法享受解决问题的过程，始终处于精神紧张状态，消极情绪更容易滋生，更不容易排解。你为此心烦意乱、焦头烂额，又怎么可能管理好自己的情绪，给人好脸色呢？

2. 绝对化思维：事情应该跟我的期望保持一致

绝对化思维的标志是：“我应该……”“我必须……”“我一定……”“我只好……”“我只能……”“我不得不……”“我非……不可”。经常把这些话挂在嘴边的人，对自己要求非常苛刻，总是逼着自己完美无缺地做事。一旦事情没达到预期的效果，他们就会生气、自责、内疚，把自己批评得一无是处。可能事情本身不是什么大问题，但自尊心还是被自己成功重创，负能量满载。更有甚者，从此变得自卑，过分自我怀疑。

不要以为绝对化思维只伤害他们自己，实际上它还会殃及周围的人。当他们做到了“我应该……”后，转而就会对其他人说“你应该……”“你必须……”“你只能……”“你非……不可”。可见，绝对化思维不是让人苛责自己，就是让人苛责别人。人若成天活在这样紧张的氛围中，情绪自然好不起来，情绪管理能力也不会有什么进步。

3. 不当合理化思维：把一切视为理所当然

如果说前两种病态思维属于过激反应，那么不当合理化思维则属于弱化反应。它的特点是逃避现实，否认问题的客观存在，当什么都没有发生过，把一切视为命中注定、理所当然的事。用不当合理化思维看问题的人，往往否认自己存在错误，总是百般狡辩，替自己找各种借口，把不得体或不恰当的行为合理化。

由于不肯承担责任，他们总是诿过，怨天尤人，从来不在自己身上找原因。这导致他们无法准确地认识自己的真实心情，也不肯去认真地解决问题。可是，问题并不会因为他们的逃避而自动消失，他们自己也心知肚明，但就是自欺欺人。如此一来，他们的情商也就日益衰退，直到有一天被迫直面问题，精神彻底崩溃。

以上三种病态思维在每个人身上都或多或少存在一些。只不过，高情商人士能努力克服这些病态思维方式，用更积极的态度去提高自己的情商。而低情商人士只想掩盖它，假装自己没受影响。殊不知，此举无助于我们保持身心健康。在接下来的章节中，我们将逐个分析生活中各种可能造成情绪伤害的问题。

关于情绪的小知识

共情的原意是“融入的感受”，它是识别他人所思、所感，并以类似的情感状态做出回应的能力。共情让各种情感在人们之间回荡，是社会生活的支柱。它本质上需要人与人在思想中或行动中互动，有传播快乐的力量，也有助于减轻人们的消极情绪。如果你跟他人分担焦虑、内疚、悲伤和绝望等消极情绪，这些消极情绪多少会得到缓解。共情像纽带一样把你和他人联系在一起，让你和他人之间的界线变得模糊。

太在乎别人怎么看你，容易焦虑不安

要点提示

a 焦虑及焦虑的常见症状。

b 焦虑的人会把别人对自己的看法恐怖化。

c 由焦虑不安造成的两种失调的行为。

有两种情绪令人非常缺乏安全感，一种是恐惧，另一种是焦虑。焦虑与恐惧有着密切的联系，但又区别明显。恐惧是人们对具体对象的害怕心理，焦虑则是对不确定事物的恐惧。假设你此时坐立不安，仿佛百爪挠心，却又不知道自己担心的是什么，不知道恐惧的事物会在哪个时间和哪个地点出现，这种让人浑身不舒服的情绪就是焦虑。

焦虑情绪在现代社会中非常普遍。当它降临时，你可能会出现偏头痛、神经衰弱、胃部不适、失眠等症状。有些人比较容易产生焦虑，长期处于精神紧张状态，身心健康因此受到损害。假如不能克服焦虑情绪，我们就不得不投入大量精力来处理它，以至于没有足够的精力去做更多的事情。

情绪小词典

焦虑（anxiety）：

“焦虑”一词来源于希腊语angh（大意是紧压、挣扎、因悲伤而颓丧）。这个词根反映了焦虑情绪带给人们的压迫感和束缚感。

引发焦虑的原因有很多，其中最主要的原因是过于在意别人对自己的评价。你太担心得到负面评价，不希望自己看重的人对你感到失望。也许，他们并没用苛刻的标准让你非做某事不可，只是你自己把别人对你的看法想象得很恐怖。这种非理性的观念不断大力鞭策自己完美地完成所有事，不容半点差错。

由于把他人的评价看得过重，焦虑不安的你会出现两种失调的行为。

第一种，你极度害怕冲突，强迫自己做个完美的人，试图以此博取所有人的喜欢。假如有一个人不喜欢你，你的思维就会转为自责模式，扪心自问究竟哪里没做好。假如大家都对你表示肯定，你也只是松口气，内心并未真正消除不安全感。因为，你盲目地相信，自己一旦松懈下来，就会犯很多错误，变成令大家讨厌的人。于是，你的焦虑就像影子一样挥之不去。

第二种，通过对别人指手画脚、说三道四、奚落讽刺来维护自己的优越感。本质上这类人还是担心遭到别人的负面评价，只不过为了维护自己一碰就碎的自尊心，刻意采用咄咄逼人的方式来先发制人。这种人尖酸刻薄，为人冷漠，很难获得朋友的信赖。

以上两种极端倾向都是非理性思维的产物，对保持自己身心健康和维护高质量的人际关系毫无益处，高情商人士都懂得避免。我们作为独立的个体，既不能把取悦众人作为生活目标，又不能为了自己的面子去伤害别人。

关于情绪的小知识

大脑和神经元，具有相当大的可塑性，每个以改变为目的的行为无论多么微小，都有助于人们巩固新的行为模式和绕过焦虑反应的神经回路。人们可以对自己的行为进行调整，通过纠正某些行为来避免沦为焦虑的牺牲品。坚持努力下去，大脑就会逐渐把非恐惧的策略确立为优先选择的神经回路。如此一来，我们就能在焦虑完全控制内心之前“打开”另一条通路，前往目的地。这就是利用大脑的可塑性来战胜焦虑的原理。

动不动就发脾气，跟低耐挫性有关

要点提示

a 耐挫能力较低的人更喜欢发脾气，因为他们输不起。

b 高情商人士对自己的愤怒程度有比较清晰的认识。

c 愤怒情绪的四个发展阶段。

愤怒情绪谁都有，但并非每个人都会乱发脾气。脾气不好的人一般会被评价为情商低，因为他们的情绪管理水平往往较低，其具体表现为耐挫能力差，稍微有一点儿不顺就气急败坏。耐挫能力低在很大程度上是因为非理性思维在作怪。假如我们能正确地认识它，就有望提高心理承受能力，不至于成为周围人眼中那个乱发火的人。

情绪小词典

愤怒（anger）：

罗马斯托亚学派哲学家塞内卡于公元前 1 世纪写了一本《论愤怒》，这是世界上现存最早的关于如何管理愤怒情绪的文献。

1. 降低耐挫能力的非理性思维

生活中有这样一种人，他们好胜心异常强烈，对自己要求极为苛刻。他们认为自己绝不能在重要的任务上失败，必须把事情做得完美无缺。对失败的过度害怕，使得他们十分焦虑，精神高度紧张，比其他人更加承受不了挫折，更加暴躁易怒。

由于无法忍受犯错的可能性，这种人不肯承担责任，总是为任何事找借口，百般抵赖，拒绝接受一切合理的批评。

但是，无论他们是否承认，问题都不会因非理性思维而自动解决，责任并不会因当事人逃避而自动消失。对于这一点，他们心中并非不知道，于是愤怒程度会在焦躁不安中不断上升，从轻微的不悦升级为怒不可遏，最终养成了人们讨厌的坏脾气。

2. 愤怒情绪的四个发展阶段

愤怒情绪的发生存在四个不连续的阶段。弄清各个阶段的特点，有助于我们提高情绪管理能力。这四个发展阶段具体如下。

（1）预警

当你感到紧张、焦急、压迫感、口渴、胃胀气、头昏脑涨、疲惫、倦怠、劳累过度时，就说明你已经开始产生愤怒情绪了。这些都是愤怒将起的心理和生理预警信号。

（2）生气

你的消极情绪已经积攒到了想发火的程度，但没有正式发出来。此时的典型表现有：血压升高、怒气填胸、攥紧拳头、青筋凸露等生理信号。

（3）升级

你意识到了自己的怒火，但还用理智控制着自己的情绪。你的心情正在变得越来越烦躁，但依然可以冷静地选择比较缓和的表达愤怒的方式。高情商人士通常在这个阶段会采取一系列的情绪管理策略，避免愤怒升级到失控的程度。若是处理得当，愤怒就会从升级阶段转入消散阶段。

（4）消散

当你进入这个阶段时，怒火逐渐消散，头脑会冷静下来。你回想之前生气的样子，可以准确找出生气的根本原因，并思考解决办法。当你找到办法时，气已经消了。接下来需要着手修补愤怒对双方关系造成的感情裂痕。

关于情绪的小知识

当人们对同一个问题的观点相左时，往往会产生愤怒情绪，想要让对方屈服于自己。愤怒经常被滥用，而且有可能造成其他恶性行为。从本质来看，愤怒是一种很正常的情绪。有时候，我们对生活感到不满，想要改变它，也是由愤怒情绪引起的。现代人越来越容易发怒，暴力行为（含语言暴力）日益增多。而且人们总是压抑着内心的愤怒，这使得我们压力倍增，同时也变得更加不自信。

迁怒于人很糟糕，还排解不了负能量

▶ 要点提示

a 心情不悦时应当宣泄情绪，但迁怒于人是一种恶习。

b 迁怒行为的本质是害怕承担责任。

c 迁怒行为根本解决不了问题，反而会引发更多的消极情绪。

日常生活中，当人们对同一个问题的观点有分歧时，愤怒情绪很快就会涌上心头，用尖刻的、情绪化的语言指责彼此，甚至迁怒于人。

很多人一旦自己遇到了不开心的事，就会骂别人（甚至打）。他们只顾着找个人来发泄情绪，把80%的时间用于宣泄不良情绪上，而不愿把这些时间用来研究解决问题的办法。

> **情绪小词典**
>
> 冷静（calm）：
>
> 耶鲁大学神经系统科学家荷塞·戴尔嘎多曾经设想人们通过植入大脑的电子芯片来控制所有的情绪，能让人从暴怒、恐惧中很快冷静下来。

由于他们做出伤人的言行，对方可能会不甘示弱地还击。于是双方的冲突不断升级。显然，这是情商高的人不会做的事情。可惜大部分人的情商只是中等水平，情绪控制力一般，一不小心就会变得怒不可遏，并且迁怒于人。从本质上说，他们内心还是过分担心别人对自己的评价，同时也极度害怕承担责任。所以，他们采取迁怒于人的方式，把责任推到别人头上，以免自己因为承担责任而沦为众矢之的。

问题是这种非理性思维方式并不能真正解决问题，也不会让泄愤者恢复心理平衡。因为泄愤者只是把自己的快乐建立在他人的痛苦之上，在迁怒过程中又产生了新的消极情绪，淤积在心田，形成了令人不齿的阴暗心理。阴暗心理只会给人带来痛苦，不会让人变得阳光开朗。这个恶性循环在一次又一次的迁怒行为中被强化，让当事人逐渐变成一个既没担当又没修养的人。

因此，我们平时应该养成不迁怒他人的好习惯。当你怒不可遏时，先扪心自问："我很生气，但我真的完全无法忍受他吗？他一定要按照我认为他该采取的行动去做事吗？如果并非如此，究竟是这件事本身有问题，还是我让事情变得这么麻烦？"接下来，我们要好好想一想，有没有更好的选项来代替自己发火。

这并不是说，你永远不能发火，而是要减少过激反应，不因自己情绪失控而引发无谓的冲突。低情商的人只图一时之快，高情商的人则真心想解决问题。当你明白了此中区别，就是好的开始。

关于情绪的小知识

无论什么形式的愤怒，都不可避免地涉及道德。我们的品行会由于无法控制冲动反应而受到质疑，这会被看成是软弱或缺乏意志力的表现。发泄愤怒对我们在社交世界中的处境可能会产生不良后果，还有可能破坏我们的人际关系。愤怒体现了情绪无法压制的力量。它使得我们的判断面临考验，迫使我们思考在令人沮丧的情境中该如何做，怎样以适当的方式应对冒犯，以及怎样做才最妥当。愤怒和选择是交织在一起的。愤怒引发了价值和选择的问题，由此也引发了伦理道德和品行的问题。

令人毫无招架之力的情感勒索

要点提示

a 了解情感勒索的概念及表现。

b 情感勒索的六个阶段。

c 情感勒索者会让你产生不应有的负罪感。

你大概遇到过这些情况：想拒绝别人的请求，但是开不了口，只好勉强答应；想坚持自己的立场，但最终总是放弃；总是被对方牵着鼻子走，自己感觉难受，但不知道还能怎么办；每次下决心想改变这种人际关系时，到头来都再度放弃。

也许你觉得造成这种局面是因为别人的情商比你高，自己太软弱、平庸、无能，才屡屡受制于人。其实，你不该认为一切都是自己的错。那些能轻而易举控制你情绪的人，并不是什么高情商人士，而是彻头彻尾的情感勒索者。

他们会装作一副人畜无害或可怜兮兮的样子，利用你的罪恶感和自责，迫使你轻易就范。如果不能认清这一点，就会始终被情感勒索束缚，无法保持身心健康。情感勒索的完整过程可以分为以下六个阶段。

1. 要求

情感勒索者的要求乍看之下是合理的，提出的方式也让你感觉很受用。但你仔细思考的话就会发现，无论语气是理直气壮还是情意绵绵，他们的要求中都隐藏着不容更改的强硬态度，没有商量的余地。

2. 抵抗

被情感勒索的一方表示反对这个提案。可能是因为不赞成，也可能是因为对对方的目的心存疑虑。

3. 施压

情感勒索者并不会考虑对方的感受，而是想方设法逼对方接受。他们在讨论中刚愎自用，还反过来指责你有各种缺陷。他们最擅长的就是打着“我是为你好”的旗号行事，打压你的自尊。

情绪小词典

欢快（cheerfulness）：
欢快是一种充满乐观、热情的情绪。有些服务行业规定员工以欢快的心情来接待顾客，如保持灿烂的笑容和热情的态度。但这种强制的欢快导致员工普遍出现焦虑、抑郁等症状。

4．威胁

情感勒索者在讨论过程中威胁对方，如果不按照自己的意思做，就会有什么不良后果。这个后果往往是被勒索者不希望看到的局面，或是唯恐避之不及的痛苦。

5．屈服

由于没能扛住对方的威胁，被勒索者不再坚持自己的立场。尽管内心依然有困惑和不安，但他们更害怕被情感勒索者讨厌，只好屈从于情感勒索者的意志。

6．重启

当情感勒索者达到目的后，就暂时不再施压，一度对被勒索者很好，让彼此的关系稳定下来。但情感勒索者掌握着主动权，被勒索者轻信他们的说辞，背上了负罪感，不得不让步。他们之后的每一次商量过程，都将重复上述步骤。

情感勒索者往往是你生活中很重要的人。他们或许是爱你的，但与你相处的方式是不平等的，总是想方设法地抓住你的弱点，完成对你的掌控，让你无法对他们说“不”。如何摆脱情感勒索，用不卑不亢、相互尊重的人际关系来代替被束缚、被一味索取的人际关系，是高情商人士必须掌握的生存技能。唯有克服心理弱点，修复各种心灵创伤，重塑自信和自尊，才能实现这个目标。

关于情绪的小知识

某些人之所以在面对情感勒索时毫无抵抗力，是因为他们“喜欢”受伤。我们经常自我破坏，用让步来面对情感勒索，以此来避免消极情绪，而不是学着去控制它们。这就像是扭伤脚踝的人在康复后还是会习惯单腿行走，因为他们害怕如果像以前一样正常行走，可能还会感到疼痛。我们应该学会专注于当下，努力应对当前唤起我们的旧情绪的人，学会对这些旧情绪做出新反应。

第二章

提高情绪免疫力，从舍弃自卑心态开始

成功学之所以流行，是因为每个人都渴望获得更高的自尊。尤其那些感到自卑的人，总是觉得自己在各方面都不如别人，盼望着有朝一日能扬眉吐气地活着。但现实是残酷的，很多人会在竞争中落败，对自己越来越没信心，不再相信辛勤付出能获得丰收，不敢跨越任何障碍，给自己设置种种限制，阻挠自己的进步。人一旦变得自卑，消极情绪就会接踵而至，逐步扼杀自己原本的活力。高情商人士不可不对此警醒。

自卑情结：情感免疫系统的破坏者

▶ 要点提示

a 了解自卑情结。

b 为什么会产生自卑情结。

c 自卑情结给人造成的心理伤害。

不卑不亢地做人是一种理想状态，需要很高的情商水平。但更多时候，人们会在卑（自卑）和亢（自傲）之间摇摆。骄傲使人退步，但若一个人自我感觉良好，不到幡然醒悟时就不会产生心灵创伤。相比之下，自卑对人的直接危害要大得多。

情绪小词典

自信（confidence）：

这个词源于拉丁文con（和）加上fidere（信仰），最早用来表达天降吉兆赐予你力量，保佑你万事如意的意思。自信让人举重若轻，但过度自信会抑制一个人进步的动力。

有自卑情结的人看问题比较悲观消极，总是优先接受负面信息，情感免疫系统也相对脆弱。他们容易受到更多的心理伤害，对拒绝和失败感到痛苦和不安，对人际关系的满意度也偏低。这些闷闷不乐的人并非生下来就自卑，因为自卑情结主要来自于他们在成长环境中遇到的创伤和挫折。

1. 让你失去自信的因素

当你不再自信满满时，就已经有了自卑情结。生理上的痛苦和精神上的创伤都会摧毁我们的自信。就算没遇到不堪忍受的重创，有些看似平常的因素也会削弱我们的自信。比如：

- 丢掉工作
- 与人交恶
- 跟亲朋的关系疏远
- 财政拮据
- 被社会边缘化
- 自己的努力不被承认

这些因素其实就是生活中再普通不过的挫折，我们每个人都会体验到，没有例外。它们最初造成的影响可能不太明显，但随着时间的积累会逐渐压垮你的自信。所以，我们不得不随时调整心态。

2. 自卑造成的心理伤害

（1）精神压力过大

当自卑者被拒绝、批评和冷落时，就会责备自己，仿佛陷入多方的围攻。精神压力的上升让他们更加焦虑、不安、脆弱，经不起太多挫折，意志力也随之降低。这又反过来让自卑者表现失常。

（2）抵制积极的情感反馈

人在生活中会同时得到消极的情感反馈和积极的情感反馈。前者会给我们造成心灵创伤，后者则会帮助我们保持身心健康。自卑者的一大特征是发自内心地抵制积极的情感反馈，只在消极的情感反馈上钻牛角尖，身心健康因此越发恶化。

（3）受困于人际关系

自卑者的情感免疫系统比一般人脆弱，缺乏足够的心理弹性。他们会因为某些事情感到痛苦，但又下不了决心去改变让自己痛苦的、糟糕的人际关系。只是在拼命忍受，或者自我暗示“这是罪有应得”。

总之，自卑者不快乐的根本原因是自尊没能得到充分满足，以至于过度贬低自我价值。如果自尊心过强的话，人就会走向自恋，不再容得下任何批评意见，很容易暴跳如雷地报复那些阻碍他们自我膨胀的人。无论哪种情况，都只是中等情商水平，离高情商还差得远。

关于情绪的小知识

自卑会让人们更容易接受消极的心理体验，而且也限制了人们从积极心理体验中受益的能力。在一项实验中，研究人员让参与者先听伤感的音乐，使其心情低落，然后再问他们是否想看喜剧片来调整心情。结果发现自信的人会积极响应，而自卑的人虽然承认喜剧能改善心情，但依然拒绝观看。尽管他们渴望获得某些重建自我价值和自信的信息，但只要陷入自卑，就很可能拒绝甚至回避这些信息。

克服自卑的关键——塑造健康的自尊

要点提示

a 健康的自尊及表现。

b 健康的自尊能帮助我们克服自卑。

c 人们怎样才能塑造健康的自尊。

每一位自卑者都希望自己变得更加自信一些。他们会阅读各种励志书，参加多个培训课程。有的人成功了，但更多的人失败了。原因何在？关键在于能否用健康的自尊代替不健康的自尊。

> **情绪小词典**
>
> 期待（anticipation）：
>
> 期待能给人带来愉快感，即使并没有真正获得我们希望得到的东西，只要想一想好事可能会发生，就足以感到快乐。不过，当事情未能如愿时，期待就会转为失望。

脆弱的自尊令人自卑，过高的自尊令人目空一切。两者都属于不健康的自尊。较高的自尊既能让我们保持足够的心理弹性以承受更大的压力，又不至于使我们失去必要的自省精神。这是一个合适的自我保护尺度，能让你获得健康的自尊，养成不卑不亢的性格。以下是塑造健康自尊的七种方法。

1. 对自己进行综合评分

把你生活中的不同方面列出来，如工作情况、人际关系、健康状况等方面，一般分为6~8项指标即可。评估一下自己对各项指标的满意程度，按照1~10分来评分，再计算所有指标的平均分。高于平均分的是你的长处，应该感到自信；低于平均分的是你接下来要改进的地方。这种方法能让你更全面地评估自己，不至于一刀切地否定自己。

2. 与自己的内心对话

我们的内心经常感到矛盾，仿佛有两个自己在争论。争论的内容涵盖了我们生活的方方面面。你的最终决策取决于的争论结果。自卑者心中其实也有一个积极向上的自己，只不过这个自己总是被消极颓丧的自己打败。在下一次的争论中，你要设法多支持那个积极向上的自己一点。

3. 把消极话语改为积极话语

自卑者习惯从悲观的角度看问题，描述同一事物时总是倾向于用消极话语。试着改变这个习惯，下次想使用消极的表达方式时，注意转换成积极的表达方式。比如，把“我可能做不好”改成“我应该能做好”。第一次可能不习惯，但坚持下去，就能养成好习惯。

4. 不给自己贴标签

把“笨蛋”“丑陋”“懒惰”“废物”等标签丢掉，不要用这些消极词语形容自己，不要给自己负面的心理暗示。

5. 明确核心价值观

当你具有明确的核心价值观时，就能更清楚地衡量是非成败，有信心坚持自己认为正确的事和反对自己认为错误的事，而不至于被别人的嘲笑、讽刺、挖苦、抨击轻易动摇信念。人在内心迷茫、六神无主时，最容易走向自我贬低，从而丧失健康的自尊。

6. 培养兴趣爱好

人在做自己热爱的事情时，积极情绪会喷薄而出，精神状态也更好。因此，培养趣兴爱好，有助于你增强自我价值感，让自己在特定领域获得更多信心。而且兴趣爱好也能帮助你结交更多志趣相投的朋友，从而改善人际关系。

7. 坦然接受称赞

自卑者由于缺乏健康的自尊，总是抵触他人的赞美，认为这是敷衍自己的客套话。事实上，这很可能是个误判。你的亲朋也许真的非常欣赏你，也希望你能多肯定自己一点。他们通过称赞来给你提供情感支持，你不该主动切断这个宝贵的力量之源。

关于情绪的小知识

一个健康的免疫系统虽不能保证你永不生病，但当你不幸患病时，它可以在很大程度上减轻你的病痛，帮你更快恢复健康。自信相当于人们精神上的免疫系统。拥有自信的人在面对困难时能表现出乐观的态度，对环境的适应力也很出色。即使遇到挫折，他们也能很快地调整好心态，重新振作起来。研究表明，自卑的人比自信的人更容易患上偏头痛、呼吸道传染病、消化系统疾病等慢性病。心中常怀自信也有利于预防心脏病等重大疾病，或促进患者身体康复。

避免过度自我批评，对自己再同情一点

要点提示

a 自卑者的脑海中总会响起自我批评的声音。

b 自卑者最需要的是自我同情，而不是自我批评。

c 自我同情与自卑者的思维方式相左，练习初期会感到不适应。

如果有人不分青红皂白地诋毁你的品格，贬损你的尊严，把你说得一无是处。毫无疑问，这是应该被制止的不讲理行为。你在忍无可忍时会选择为维护自尊而战。但是，有个人做同样的行为时，你却软弱无能、任其宰割。那位施暴者不是别人，而是你自己。

情绪小词典

冷漠（apathy）：

这是大多数人面对压力或沮丧时的一种合理反应。在冷漠情绪的影响下，你无视相关的事物，中断自己因外物而产生的情绪波动。

自卑者无一例外地有过度地进行自我批评的思维习惯。每当自己失误或遭到他人指责时，自

卑者都会不假思索地把过错都揽到自己身上，对自己发动猛烈的自我批评，把自己数落得一无是处。他们希望被治愈、被救赎，偏偏把希望寄托于外力，而缺乏对自己的同情。这导致自卑者很难建立健康的自尊。

1. 自卑者的双重标准

给自己贴上“蠢货”“废物”“失败者”的标签，并在脑海中不断回顾令自己难堪的情境，以总结经验、教训的名义无情地抨击自己。这就是自卑者的残忍之处。可叹的是，当你向自卑者指出这一点时，他们的第一反应是接受你的批评，然后说“我知道不该这样苛责自己，但是……”之类的话，用一大堆理由来证明这些自我虐待是必要的。

希望善待自己，却又苛责自己，这就是自卑者的双重标准。一旦落入这个思维陷阱，你就跟理性思考无缘了，无法客观地看待自己和他人。这无疑是典型的情商低的表现。自卑者当然明白这个道理，但还是做不到自我同情。

2. 自我同情练习

学会自我同情是自卑者克服心理障碍、提高情商水平的必经之路。但他们常常担心，自己放弃严厉的自我批评后，可能会因为懈怠而变得更弱、更差劲。要想扭转这个认识误区并不容易，具有一定的挑战性。不过，如果我们采取以下练习方式，也许可以实现目标。

（1）回顾

在一张纸上列出让你感到尴尬、羞耻、屈辱、失败的事件，以及你当时做了哪些自我批评导致自己很自卑。

（2）想象

如果这件事发生在你的家人、朋友身上，请想象一下，他们会有怎样的感受和体验。具体而言，他们可能有怎样的心理活动，通过什么方式来表达自己的痛苦。把这些都写下来，越生动越好。

（3）安慰

你不希望他们感到痛苦，于是决定写一封情真意切的安慰信。请注意在信中明确地表达你对他们的关怀、理解和同情，并且告诉对方“你是值得同情和支持的”。

（4）重新回顾

完成第三步后，回顾你在第一步中列出的事件。试着从更加客观的角度来描述自己的感受，不要再对自己进行任何形式的批评。就像你在安慰信中对待他人那样来对待自己。这时候，你可能会意识到，自卑情结让你对一切信息都做了过于消极的解读。你是值得同情的。

最后，请用三天时间来完成这个练习，并定期重复它，直到你养成自我同情的习惯为止。

关于情绪的小知识

老好人虽然大都不喜欢批评他人，也不想受他人批评，却很容易对自己采取尖刻而粗暴的态度。他们的自我批评的独白除了大量“应该”和“不应该”之外，很可能还充满了其他导致自己沮丧的语言和扭曲的思想。他们会用“自私自利”“以自我为中心”或“不讨人喜欢”等标签来对待自己，狠狠地咒骂自己“傻瓜”“笨蛋”和“蠢货”。这就是一个放大或缩小的心理暗示。他们倾向于放大或夸大自己的缺点和不足，缩小或忽视别人的毛病或恶行。

不要抗拒他人的赞美，那是你应得的奖励

要点提示

a 自卑者为什么会有意或无意地抗拒别人的赞美。

b 坦然接受赞美有助于自尊在受到打击时更好地恢复常态。

c 提升个人力量可以增强自卑者的自信心，让情绪变得更加稳定。

对于自卑者来说，别人的积极肯定也可能是一种伤害。因为他们担心对方只是在安慰自己，自己本身并不值得肯定。这种心态使得自卑者拒绝接受他人的赞美与好意，反而认为对方消极的反馈让自己更加心安，因为它能证明自己确实没什么优点。

> **情绪小词典**
>
> 茫然（befuddlement）：茫然和不知所措有点相似，都是不知道该何去何从。不知所措是选择太多造成的，茫然则是缺少选择造成的。

自卑者没有意识到，自己对赞美的抗拒行为阻碍了积极的沟通，让人际关系变得更糟。原本认可你的人受不了你没完没了的

自我贬低，反而会对你失望。而你在他们对你失望之后，又变得更加自卑。为了切断这个恶性循环，我们应该学会接受他人的赞美，并通过提升个人能力来增强自信心。

1. 提高对赞美的接受能力的练习

请回想一下你的家人、配偶、朋友、同事曾经对你的赞美。你当时给他们留下了什么样的印象，他们赞美了你的哪些品质。把当时的场景写下来，尽可能详细一些，并解释对方赞美你的原因。然后，想一想这些得到赞美的品质对你意味着什么，拥有这些品质对你的人际关系有什么益处，对你生活中的其他方面有什么帮助。把想到的内容全部写下来，然后反复阅读，对自己进行积极的心理暗示。

这个练习要定期进行，每周一次或一次以上为佳。练习的目的是让你习惯接受他人的赞美与好意，减少对积极反馈的抗拒行为。坚持下去，你会逐渐提高自我正面评价，情绪会变得更加坚韧和稳定，情商水平也随之升高。

2. 提升个人能力

对于自卑者而言，缺乏实力是催生自卑情结的主要因素。如果能在生活中某些方面展示出优秀的个人品质，自卑者也就感到扬眉吐气、自信满满。展示个人品质的领域可以是工作成绩、兴趣爱好、专业知识、消费场所、人际关系等。不需要你无所不能、面面俱到，只要抓住自身某个方面的优势进行发力即可。

在自己擅长的领域展示实力，合理规划目标和执行办法，从简单的小事做起。即使是微不足道的成功，也能让自卑者的自尊心得到满足，推动他们继续努力。就这样把一个又一个小胜利积累成大胜利，一步一个脚印地提升自己的个人能力，逐渐变得强大。变强的过程会不断地给我们带来自信，使我们内心越来越坚强，不再轻易被消极心态打倒。

关于情绪的小知识

当人们受到令人愉悦的刺激时，神经元就会释放一种名为多巴胺的神经递质。多巴胺像信使一样把信息传递给其他神经元。多巴胺的循环能让人们感到心情愉快，充满活力，注意力更加集中，使人们以积极的心态对待生活。研究表明，多巴胺的释放与我们享受的奖赏本身无关，而与我们对奖赏的期待有关。多巴胺的分泌会强化人们对自己认为充满希望的事件能带来奖赏这件事的预期。

第三章

被拒绝是很常见的事，别让心灵创伤严重化

人生难免失意，最常见的失意就是被拒绝。被拒绝会让我们产生痛苦、悲伤、愤怒、嫉妒、失落、不甘心等消极的心理体验，摧毁我们的安全感和自尊心。所有人都曾经因被拒绝而受伤。不同的是，有些人能调整情绪，走出阴霾，而另一些人的心灵创伤则久久不能愈合，甚至与日俱增。及时处理被拒绝时产生的小伤口，是一件不容轻视的事情。

为什么被拒绝让我们如此痛苦

要点提示

a 拒绝给人带来四种不同程度的心灵创伤。

b 人在被拒绝时感受到的痛苦与大脑中的预警机制有关。

c 人很难用理性、逻辑和常识来减轻自己被拒绝时体验到的痛苦。

拒绝像空气一样无处不在，不是想避就能避开的。在你的故事里，你可能是被拒绝的人。而在别人的故事里，你也许是拒绝他人的那个人。拒绝是一件残忍的事情，会让被拒绝者受伤，令拒绝者心里也不舒坦。甚至有些心理承受能力较弱的人，在遭到拒绝后走上了极端，最终害人害己。这样的结局是大家不希望看到的。

情绪小词典

困惑（bewilderment）：

困惑是内心一团杂乱的感受。工作上或人际关系上的杂乱无章，都会让我们感到困惑。不过，人们在整理纷乱的头绪时，也可能会注意到自己忽略的一些事，并借此摆脱困惑。

每个人都被拒绝过或拒绝过他人，并且以后还会做下去。所以，如何面对拒绝以及治愈由此造成的心灵创伤，是提高情商的一项必修课。接下来，我们先了解一下拒绝会给人造成哪些心灵创伤。

1. 拒绝给人带来的四种心灵创伤

（1）痛苦

被拒绝意味着心愿破灭，这会给我们带来不同程度的痛苦。如果你本身对心愿不太在意，只是稍微难受一会儿就过去了。如果你为心愿付出了很多努力，遭到拒绝就形同遭受灭顶之灾。

（2）愤怒

不少被拒绝的人会恼羞成怒，通过踹门板、摔东西等具有攻击性的行为来发泄怒火。

（3）自尊受损

人在遭到反复拒绝的时候，自尊心就会受伤。光是回忆起往日被拒绝的场景，就足以让我们的自我评价暂时下降，倾向于贬低自己的价值。

（4）归属感受损

归属感是人类的基本心理需求之一。当我们遭受拒绝时，归属感难以得到满足。这会给我们的身心健康带来不小的影响。

2. 拒绝为何令人痛苦

即使再喜欢独处的人，骨子里也害怕被拒绝。因为人是社会性动物，经过千万年的进化，大脑中已经形成了一个预警系统。当你遭到拒绝时，这个预警系统就会判断你存在被社会排斥风险，用扎心之痛来提醒你注意规避该风险。这就是拒绝让我们如此痛苦的根本原因。

纵然我们的理智告诉自己应该正确地看待拒绝，但还是很难无视被拒绝时体验到的伤害。逻辑和常识并不能减轻我们感受到的痛苦。我们努力地为自己打气，试图说服自己不要放在心上，也无济于事。拒绝的破坏力就是如此巨大。

也许我们遭遇的拒绝本身比较温和，对方并没有说太多尖锐刻薄的话。可若是不能调节好自己的情绪，内心的痛楚只会有增无减。因为前面提到的四种心灵创伤的严重程度是逐次升级的，如果发展到了自尊心和归属感严重受损的地步，人就会变得自暴自弃。

关于情绪的小知识

美国心理学家设计过一个心理学实验——扔球场景。规则是让两名由研究人员扮演的“陌生人”和被测试者在等候室里扔一个球。被测试者不知道这是一个实验，以为只是在等待另一项实验过程中的消遣。其中一名陌生人会把球扔回给被测试者，但另一名陌生人只会把球传给研究人员，就是不传给被测试者，故意让被测试者出局。据统计，十几个被测试者被排除在扔球游戏之外时，感觉到了明显的情感痛苦。

控制愤怒和攻击性，理性看待拒绝

▶ 要点提示

a 遭到拒绝的人常会感到愤怒并且表现出一定的攻击性。

b 即使是最无关紧要的拒绝，也可能让对方感到愤怒。

c 人们往往以消极的方式来处理拒绝引起的愤怒。

在生活中应该见过这样的场景吧：一个人恼羞成怒地拳打门板、抬脚踹墙、乱摔东西。这个人很可能刚刚经历了表白被拒或者求职被拒的不愉快经历。拒绝往往会引发愤怒，甚至引发恶性刑事案件。因为在痛苦的刺激下，人们很难理性地看待拒绝，而是选择一种不良方式来发泄自己的情绪。隐藏于我们心中的攻击性借此被释放，假如它不被有效控制，就容易迅速升级，让我们变得做事不顾后果，最终追悔莫及。为了避免伤害他人，你必须学会控制愤怒和攻击性。首先要对自己的愤怒程度有一个比较清醒的认识。

1. 愤怒程度衡量表

如果选项符合你的实际情况，请在（ ）里打“√”，每一项计1分；如果不符合，就打“×”，计0分。统计一下你有多少个“√”算出总分。

（ ）	1. 有人说你必须冷静一下
（ ）	2. 有很多事让你感到紧张
（ ）	3. 自己无法在工作中自由地表达内心的真实想法
（ ）	4. 心情不好时，一个人宅在家里看书、看电视、上网或睡觉，与外界隔离起来
（ ）	5. 借酒消愁的次数不断增加
（ ）	6. 夜不能寐
（ ）	7. 你对很多事感到不解，但也不想再听别人描述
（ ）	8. 有人表示希望你不要厉声说话或骂人
（ ）	9. 你真心对待的人一直说你在无形中让他们受到了伤害
（ ）	10. 频繁邀请你参加活动的朋友逐渐减少了

测试结果解析

得分在0~2分：

你的愤怒处于正常水平，不必担心。

得分在3~5分：

你有必要试着放松下来，不

情绪小词典

肠胃焦虑（collywobbles）：这个词由colic（胃痛）和wobble（颤动）组成，描述了人因焦虑不安而肠胃抽搐的紧张感。

要让自己那么紧张和烦躁。

得分在6~10分：

你的愤怒比较明显，需要设法控制一下，否则就会像火山一样喷发。

2. 控制愤怒的办法

所谓控制愤怒，并不是让人立即转怒为喜，而是通过积极行动来降低当时的愤怒程度。愤怒本身是一种强烈的情绪，强行压制只会激起更多的反作用力。要想有效制怒，以下四个步骤是必不可少的。

（1）停止行动

当出现以下信号时，你就需要停止行动。

◆说话声音比前一秒的音调提高。

◆颈部肌肉出现了绷紧的感觉。

◆脸有些发烫。

◆咬牙或下巴开始绷紧。

◆呼吸节奏逐渐加快。

◆有种血流加快的感觉。

这些信号表明你的愤怒已经溢于言表，需要马上停止发言或行动，避免愤怒升级。当务之急是让自己放松下来，通过反复深呼吸与默念“放松”来进行心理暗示，直到你心态平静为止。切不可在尚未平静下来时就行动。

（2）考虑后果

想一想泄愤后将承受什么样的后果。很多人原本并不想伤害别人，在释放愤怒和攻击性情绪后也会感到很内疚。既然如此，发怒前先想一想自己可能面临哪些麻烦，是否有能力应对这些麻烦。对恶果的恐惧越多，越有助于控制愤怒情绪。

（3）反思原因

扪心自问，某次生气的原因是什么？因为一件真实发生的事，还是一件想象中可能发生但实际并未真正发生的事？是因为一个确有错误的人，还是一位原本毫不相干只是恰好经过你眼前的无辜者？高情商人士不发没有来由的火，而且会在发火前考虑是否有必要发火，有没有其他更温和的应对办法。

（4）降低愤怒程度

你已经在理智上试图控制愤怒，但情绪还没完全走出来。你唯一要做的就是降低愤怒程度，具体方法因人而异。你先得弄清楚，真正让你愤怒的是正在进行的事情，还是被激发的新仇旧恨，警惕自己犯下借题发挥的过失。可以用幽默的沟通方式来缓和你的愤怒与敌意。最重要的是挖掘愤怒背后隐藏的真实需求，再将其坦率地表达出来。

关于情绪的小知识

愤怒是穿着盔甲的恐惧，是在别人伤害我们之前做出的防御性反应。愤怒可能是冲动的、不由自主的、短促而猛烈的；也可能是静默的、有预谋的。愤怒可能是对挑衅的直接反应，也可能是未来反击的推动力。愤怒的有趣之处在于它可以被隐藏很长时间，也可以短促地猛烈爆发，然后恢复到比较平静的状态。令人失去理智的愤怒电光火石般地喷发之后，你对某人的怒气可能会持续很长时间。

做人要豁达，别往自己的伤口上撒盐

要点提示

a 拒绝已经让人受伤，不恰当的应对方式会让自己雪上加霜。

b 人回想自己被拒绝的经历时，会贬低自我价值，让自尊心进一步弱化。

c 我们常犯的错误是把拒绝理由个人化，或者以偏概全地解释拒绝的原因。

大多数情况下，拒绝本身给人造成的伤害不算太大。只要能用积极的心态去看待它，人们很快就能恢复心理平衡。真正让拒绝这件事变得狰狞恐怖的是人们的自我批判倾向，认为遭到拒绝的原因是自己太糟糕。

只要没有解开心结，人每当在回忆被拒绝的遭遇时都会感到羞愧难当，并认可对方对自己的评价，进一步贬低自己。这好比是把本来不太严重的伤口硬生生地扒开，再往里面撒点盐，伤情怎能不恶化呢？为了改掉这种坏习惯，我们有必要转变一些观念。

1. 不要把拒绝的原因个人化

我们常犯的一个错误是把拒绝的原因个人化，即遭到拒绝时会忍不住去细数自己的缺点，并将其看作不可饶恕的过错。这种消极的思维模式一旦启动，就很难停下来。心胸狭隘者会误以为对方只对自己不好，从此怀恨在心，挟私报复。心胸不那么狭隘的人则会看轻自己，意志消沉，甚至自暴自弃。

> **情绪小词典**
>
> 无忧无虑（carefree）：
>
> 无忧无虑是一种摆脱束缚后浑身畅快、充满干劲的心情。它让人充分感受到自由自在的快乐，放下各种沉重的心理包袱，凝聚各种积极情绪。

其实，对方拒绝我们未必是针对个人，而是针对他们不喜欢的普遍情况，只不过我们恰好具备同样的特点。当我们从这个角度去理解拒绝行为时，就不会产生那种“人人都跟我作对”的不良心理，就会用更加平和的心态来处理情感创伤。

2. 与自我批判争辩

缺乏自我批判精神的人往往以自我为中心，完全不顾别人的感受。这无疑是情商低的表现。但热衷于自我批判以至于丧失自我激励能力，同样是情商低的表现。想要成为情商高的人，豁达的心态是必不可少的。不但要保持一定的自省精神，同时还要学会与自我批判争辩。

在遭到拒绝后，我们的大脑会立即启动自我批判程序。自我批判本身没有错，错的是没有站在客观的角度去做这件事。因为人总是本能地倾向于过度自我批判，所以我们必须在心中为自己发出辩护的声音。想象一下，进行自我批判的自己如同法官，而另一个自己就是律师，从更加宽容、友善的角度为自己辩护。我们要努力赢得这场辩论，用中肯的观点说服“法官”，让自我批判在合适的范围内停止，不再继续占上风。

总之，人应该学会放松并接纳真实的自我，慎重鉴别对自己的负面评价。也许你确实存在某些缺点，但这些缺点并非你独有之物，有了它们也不代表你十恶不赦。这个世界的每一个人都会有缺点。你只是优点和缺点并存的普通人，不要把自己当成罪人。请时刻记住这个自我定位，对自己宽容一点。

关于情绪的小知识

当别人不管你对他们多好也要伤害你时，你可能会感到困惑、沮丧甚至愤怒。因为你相信，你对别人好，他们就应该善待你，而你的这种期望被残酷的现实粉碎了。有些人太过善良，不会把怒气发到你身上，反而多半会怪罪自己待人还不够好，或者找种种理由说服自己理应遭受不公平的待遇。这会让他们觉得生活依然是公平的。但是这样做的代价就是让自己更加沮丧。我们应该明白一点，生活本来就是不公平的，坏事确实会发生在好人身上。这不是我们的错，我们无须为此自责或自卑。

重塑自我价值，让心灵创伤彻底愈合

要点提示

a 相比被拒绝这种行为本身，贬低自我价值带来的伤害更严重。

b 一个人的自我价值并不取决于他人，而是取决于自身。

c 时刻提醒自我价值是减轻拒绝带来的伤害的最佳途径之一。

被拒绝的人伤了自尊心，会本能地贬低自我价值，此举无疑会进一步加剧我们的心灵创伤。因为实现自我价值是人类最高层次的需求。而自我价值的贬值会连带摧毁一个人被尊重的需求。人一旦丧失了自尊心，情感与归属的需求就无法满足，进而丧失安全感，最终破坏生理健康。

为了不伤害身心健康，我们一定要时刻提醒自己：你是有自我价值的，应该自尊自爱。话虽如此，但是每个人在遭到多次拒绝后，都难免会出现严重的心灵创伤。为了让这些伤口尽快痊愈，重塑自我价值是最根本的解决之道。不过，有一种认识误区会妨碍自我价值的重塑过程，那就是偏执地认为自己的价值取决于为他人做了多少事。

1. 你的自我价值取决于自己还是他人

如果选项符合你的实际情况，请在（ ）里打“√”，每一项计1分；如果不符合就打“×”，计0分。统计一下你有多少个“√”，计算出总得分。

（ ）	1. 我相信我的价值取决于我为别人做了多少事
（ ）	2. 为了真正成为值得被对方喜爱的人，我必须更多地奉献自己
（ ）	3. 我经常觉得自己分身乏术
（ ）	4. 我需要让别人感到满意，从而向他们证明我很重要
（ ）	5. 若是我不能为别人做贡献，或者没让他们满意，我会觉得自己很无能
（ ）	6. 我的自尊和自我价值源于我为别人做出了多少有用的事
（ ）	7. 若是我不随时为别人奉献自己，我会觉得自己很自私
（ ）	8. 我认为想赢得别人的好感就必须为他们做点什么
（ ）	9. 如果我不能替别人做事，他们就会怀疑我没有价值
（ ）	10. 尽管我一直尽最大努力去取悦别人，但还是经常感到力不从心
（ ）	11. 我很少把任务分派给别人
（ ）	12. 尽管我相信自己应该算是个好人，但还是通过每天为别人做好事来证明自己
（ ）	13. 我认为朋友之所以喜欢我，是因为我为他们付出了很多
（ ）	14. 我努力不让自己因为疲惫而放弃帮别人做事
（ ）	15. 这么多人都对我提出要求，我有时候会感觉不太舒服，但不会让他们看出我心里不痛快

测试结果解析

得分在0~3分：

很好。你没有高估自己对别人的不可或缺性，对自我价值有比较正确的认识。这可以说是一个应该发扬光大的优点。

得分在4~7分：

你还是在用自己能为别人做多少贡献来衡量自我价值。这是一个有些危险的心理地带。当别人拒绝你或者不需要你时，你的自尊心会受挫，觉得自己失去了重要的东西。这可能驱使你为别人做更多的事，但该行为未必会让你赢得尊重，反而可能招致对方的轻视或反感。

得分在8~15分：

你的身份认同已经扭曲，自尊心完全依赖他人的认同。这使得你越来越倾向于强迫自己讨好别人，让自己长期陷入紧张状态，因压力过大而疲惫不堪。希望你能明白，人的自我价值不是取决于他人的需要，而在于我们对自己的认可。

情绪小词典

同情（compassion）：

大多数人都能感受到别人的痛苦，并本能地想减轻这种痛苦。这种本能就是同情。我们也许会随着时间对某个人或某件事不再产生同情，但同情心本身依然存在并发挥着重要作用。

2. 重塑自我价值的诀窍

对自我价值的充分认可，是情商高的一种表现。充分认可不等于盲目自大，而是在正视自己不足的同时肯定自己的优点，不做自我贬低的举动。你的反省已经够多了，自我批评得有些过分，完全能够避免自我膨胀带来的错误，不需要再苛责自己。

重塑自我价值的重点是意识到自己性格中有价值的成分。美国心理学家盖伊·温奇建议在一张纸上写出你认为自己最有价值的五种品格，按照重要性进行排序，然后从前三项中选出两项来写日记。回答一下这些品格为什么对你很重要，它是怎样影响你的人生的，它为什么会成为你自我形象的重要组成部分等三个问题。当你因遭到拒绝而陷入自我怀疑时，可以考虑重复使用这种办法，重新确立自我价值。

关于情绪的小知识

英国心理学家马修·曼宁在协助心理疾病患者做康复治疗时设计了一段话，让患者说给“曾经的我”听。这段话是：“当我回忆你过去做过的某些事情时，要接受你就会变得相当困难。不过，我最终仍然理解了你。我始终在期望你做一些无法做出的选择，期望你做一些无法做到的事情。这种期望令我对你过于吹毛求疵。当初的你，又怎会像现在的我一样成熟呢？我打算把那些加在你身上的过分要求全部去掉，不再强迫你成为当初的你无法成为的人。如今我接受了你的存在，我爱你，你绝对值得。”

第四章

锻炼“社交肌肉”，治愈孤独带来的无助感

互联网时代，社交媒体让人们有了和更多陌生人沟通的机会。但是，现代人并没有因此变得越来越喜欢社交活动，反而越来越容易感到孤独。即使在互联网上有无数网友对你表示关心，你也难以完全摆脱孤独感。事实上，无论一个人的事业是否辉煌，家庭是否美满，孤独都没有从他心中离开过。孤独带来的无助感，依然在侵蚀着不少人的身心健康。

人际关系质量差造成的社交焦虑

要点提示

a 孤独感的强弱取决于人际关系的质量，而不是人际关系的数量。

b 长期的孤独会让人损失最基本的快乐，更容易滋生消极情绪。

c 孤独具有传染性，孤独的人会逐渐被其社交网络边缘化。

在现代社会中，感到孤独的人越来越多。或者应该这样说，在社交媒体高度发达的今天，原先隐藏在人群中无数不同性格的孤独者真正得到发声的机会，让大众知晓自己的真实感受。

很多人喜欢独处，但几乎没有人喜欢孤独。哪怕是不愿与人接触的自我封闭者，也更多是

情绪小词典

孤独（loneliness）：

孤独是一种令人沮丧、与世隔绝的感觉，不仅指生活上的孤单，还有情绪方面的痛苦感受。根据精神健康基金会的调查，在社交媒体时代最容易感到孤独的不是老年人，而是年轻人。

害怕自己被糟糕的人际关系伤害，不相信世界上存在真心实意而已，并非厌恶美好的人际关系。

大众通常认为那些性格孤僻、独来独往的人是情商低的异类，在社交场合游刃有余的人不但情商高，而且绝不会孤独。这种认知很可能是错的。

有些性格开朗的人之所以热衷于社交，恰恰是因为害怕孤独、寂寞和冷清，只想延长躲在热闹的人群中的时间。换言之，他们的内心同样很孤独。

一般人认为，孤独是因为朋友少，只要增加社交关系的数量就好了。事实并非如此。我们的朋友圈和通信录名单上的人并不少，却依然对社交应酬感到身心俱疲，时常想一个人静静地待着。说到底，社交关系的数量代替不了社交关系的质量。人与人之间可以按照社会礼仪与沟通套路进行一番友好交流，但彼此都知道，这离真心相待还差得很远，难以真正从社交中获得情感支持和力量。

与所有人都缺乏深厚的情谊，是一件令人沮丧的事。独处的安宁是美妙的，但生活和精神上的孤单是痛苦的。如果一个人长时间处于孤独状态，快乐就会越来越少，因为没人分享，消极情绪会与日俱增；因为没人分担，消极情绪无处排泄。他们眼中的世界仿佛深夜里的广场，空荡荡的，萧瑟得无以复加。

孤独者的身心健康一般不容乐观，脾气变坏、注意力难以集中、记忆力下降、情绪不稳定等问题会出现。故而高情商人士往往能享受独处、耐得住寂寞，但并不会让自己一直处于孤独状态。

由孤独造成的心灵创伤应该尽快治愈，因为孤独具有很强的传染性。朋友若是不能融化孤独者的心，自身也会染上孤独。关系越亲密，越容易被传染。这导致孤独者很容易被其社交网络边缘化，变得更加孤立无援。

关于情绪的小知识

人们四处寻找关爱，渴望得到关爱，假如没能得到，他们就会觉得悲伤，觉得被人抛弃。其问题在于，大部分人都是从他们自身之外寻找爱。假如你在童年能感受到爱的存在，你可以自由地把你的感受表达出来；假如你没有感受到爱，那么你就无法自由地把心灵深处的感受表达出来。而且，你会觉得害怕，为了进行自我保护，你便压抑所有的感受。其实，你除了自身之外寻找爱，还可以从自身找到爱。首先，这需要你自己内心充满爱。然后，再通过学习来进行自我关爱。

处于转折期的人最容易孤独

要点提示

a 人们在生活环境或社交圈发生变化时会明显地感到孤独。

b 一般情况下，只要适应环境并建立新的社交圈，就能摆脱孤独。

c 孤独感会让人对自己和他人产生错误的认知，陷入自我保护和回避他人的循环。

你的幼儿园伙伴、小学、初中、高中和大学同学中有多少人和你还保持着联系？恐怕绝大多数人的答案是“不太多”。尽管我们能加入大学或中学的同班同学群，但真正能聊得来的人寥寥无几。因为人是会随着时间和环境改变的。过去的同伴跟我们缺少了新的共同经历，对彼此的变化感到陌生，关系自然不如当初那

情绪小词典

藐视（contempt）：

藐视体现了一种高高在上的态度，通过表达嘲讽或厌恶来获得优越感。藐视会让人们变得妄自尊大，蒙蔽自己的视听。

么亲密了。

古人终其一生基本上处于一个比较封闭的社交环境中，更容易保持长达几十年的深厚交情。而现代社会的流动性大，我们人生的每个阶段所处的环境可能都会发生不小的变化。

比如，每换一次学校，就意味着跟原先的社交圈告别，需要重新融入陌生的环境，并组建新的人际关系。搬家、换工作同样会把我们的人际关系打乱并重组。这些不同形式的转折点，往往会让我们脱离原有的社交生活，使人变得有些伤感、遗憾、闷闷不乐，甚至孤独。

处于转折期的人告别了熟悉的过去，迎来了未知的现在和未来，孤独感便会倍增。就连平时没体验过孤独的人，在转折期也会饱受焦虑和忧伤的困扰。古代的诗人写下无数诗篇来抒发别离的愁绪。比如“劝君更尽一杯酒，西出阳关无故人”，旅人孤独上路时的心情，友人对他的牵挂和依依不舍都跃然纸上。正因为孤独如此普遍，如此痛苦，才能成为文艺作品中长盛不衰的主题之一。

转折期再长也是有限的。只要我们习惯了新环境，通过结交新朋友来重建社交圈，一般就能摆脱孤独状态。认识新同学、新朋友或新同事，寻找新的伴侣，都是改变孤独状态的常见途径。

不过，我们可能有时候在渡过转折期之后依然被孤独所困，难以从中走出来。这是因为孤独感会让人对自己以及他人产生错误的认知，陷入自我保护和回避他人的循环。为了避免受到伤害，我们将自己层层包裹起来，主动回避他人，冷落那些主动靠近我们的人。

希望不孤独，却又做着让自己陷入孤立的事，人就是这么矛盾。如果不能意识到这一点，你就无法成为真正的高情商人士。所以，你要记得在每一个转折期善待自己，同时也关心那些处于转折期的家人和朋友。他们和你一样是会感到孤独的普通人，同样需要别人提供温暖。

关于情绪的小知识

过多的独立会让两性中的男女完全隔绝开来，然而，过多的依赖又会让人觉得窒息。人人都需要培养自己的兴趣爱好，如此一来，两个人在一起的时光才能变得更加多姿多彩。在培养自己的兴趣爱好的同时，也要尊重对方的兴趣爱好，对他（她）与朋友相处的时间表示尊重。要永远地对彼此的信念体系予以尊重，因为世界上没有两个人在思考问题时是完全一致的。

勿用消极负面的有色眼镜看自己

▶ 要点提示

a 孤独的人害怕失望和被拒绝，反而错过了建立社交关系的时机。

b 战胜自己的恐惧和悲观，对于孤独的人来说至关重要。

c 不要胡乱猜疑，要采取一些行动来改变现状。

孤独会导致我们做出自我封闭行为，削弱现有的人际关系，受到消极情绪持续的困扰，这会给我们造成不同程度的心灵创伤。只要孤独的状态一天不改变，伤害就一天不会消失。孤独是人际关系质量不佳造成的社交焦虑。理论上，只要建立高质量的人际关系，就能摆脱孤独。但在现实中，这一点恰恰不容易做到。

> **情绪小词典**
>
> 满足（contentment）：
>
> 满足是一种转瞬即逝的情绪。当我们的需求不被满足时，就会产生各种欲望甚至消极情绪。当我们的某种需求被满足时，就会在一瞬间觉得生活特别美好。

在大多数情况下，孤独者

对社交中的风险过于警惕，预判和他人深入交往时一定会感到失望，并针对这个判断做出过多的心理准备，把心理防线筑成了铜墙铁壁。

可这样的结果让对方感到你在拒人于千里之外，并误以为你真的缺乏社交兴趣，从而选择离开你。虽然你避开了自己假想的社交风险，却还是摆脱不了孤独感的强力掌控。

说到底，孤独者太喜欢用消极的眼光看待自己，以此来回避改善社交状况的努力。当他们参加社交活动时，心里会想着“没有人会对我这种又老、又丑的人感兴趣”“没有人会愿意跟我这种严肃、乏味的人交朋友”“别人跟我交往的话会感到很累”等悲观念头。此类消极心理暗示让孤独者倾向于从最消极的角度去解读他人的一切行为。

比如，当对方没有理睬你时，你会觉得自己本身不值得被关注。但是当对方主动跟你谈话时，你却认为“他只是不了解我才会试着找我谈话，他很快就会明白我是个不值得结交的人”，于是便以不冷不热的态度待人。无论怎样，你都坚信自己在社交场上没有亮点，对别人没有价值，也满足不了对方的某种需求。

想一下子改变消极眼光来看待自己恐怕不太现实。但我们可以采取一些措施来战胜恐惧和悲观心理。最好的办法就是回忆自己曾经遇到的美好社交场景，如果没遇到就把别人的成功案例想象成自己的。把那些场景在头脑中临摹出来，精心勾勒每个细节。比如，那些对我们热情友善的人是怎么说话和做事的，他们为什么想跟我们交谈。坚持这项练习，你将记起自己讨人喜欢的特点，今后把它发扬光大即可。

下一次走进新的社交场合时，你不必假设在场的人都很难说话，也不必去刻意认识新面孔。找一两个熟人一起活动，保持最低限度的社交，同样可以度过一段快乐时光。

关于情绪的小知识

假如积极正向的情感在人际关系中占主要地位，人们就能获得更加稳固的人际关系。因此，我们在人际交往中要把积极和乐观凸显出来，促使人际关系往好的方面发展。在一项研究中，研究员用图表形式画出了夫妻之间消极互动（如吵架、挖苦等）和积极互动（如微笑、赞美等）的相对时间数值。研究结果表明，当积极互动的时间达到消极互动的时间的5倍时，夫妻之间的情感会变得令人满意且十分稳固。

换位思考，重新认识你身边的人

要点提示

a 换位思考就是接受他人看问题的视角。

b 人往往只喜欢自己的观点。

c 越是亲密的关系，越容易忽略换位思考。

任何形式的社交关系，本质上都是“给予—接受”的关系组合。己所不欲，勿施于人。你希望从别人那里得到什么，就得给予对方相应的代价。但是，你满心欢喜地给予，对方未必会接受。因为你给的未必是他们真正想要的。如果你只是一味地抱怨对方不领情，而不反思自己的失策，人际关系就会一步步走向恶化。

情绪小词典

好奇（curiosity）：

好奇心会给我们带来一种抓心挠肝、坐立不安的感觉，驱使我们去探查某些秘密。人类的许多新发明就是从好奇心开始的。

对于高情商人士而言，强人所难不是该有的行为，善解人意则是一项必备素质。善解人意的基础是换位思考，真正去了解你身边的人需要用心去交流。不过，很多人不懂得怎样换位思考，常犯以下三个错误。

1. 该换位思考时没换位思考

我们不理解对方的做法，往往是因为一开始没有换位思考，没有试着站在对方的角度看问题。要知道，别人跟你是不同的，性格、爱好、思想、行为习惯都存在差异。你的决定未必是他们愿意接受的，你认为很好的东西在他们看来可能一文不值。假如对这一点缺乏基本认识，你就很难妥当地处理问题，容易做一些得罪人的事情。你自认为在替对方着想，实际上只是一厢情愿。

2. 只想坚持自己的看法

你试图考虑对方的感受，但未必真正做到了换位思考。人有个常见的习惯是只想坚持自己的看法。就算倾听了对方的意见，还是想在讨论中占得上风，说服对方接受你的意见。这种刚愎自用的做法，对深入沟通没任何好处。你只是做了倾听的样子，并没有真正学会把别人的意见纳入通盘考虑当中。对方若感到你缺乏沟通的诚意，自然就会态度消极。

3. 以错误的信息为思考依据

这个错误令人叹息。因为你确实有心换位思考，但努力的方向不对，没有从可靠的途径来搜集准确的信息，反而喜欢把八卦传闻和刻板印象作为了解对方的途径。假如我们根据刻板印象认为某人一定会喜欢某件东西，而不去向当事人求证，赠送的礼物说不定正好会触犯对方的忌讳。

以上三种错误，都是我们应该避免的。只要用心去做，动脑去想，换位思考并不是难事。比起技巧，换位思考更需要的是真诚。你的目标是重新认识你身边的人，发现他们身上被忽略的优点和需求。关系越亲密的人越以为自己了解对方，而疏于体察对方的变化和情绪状态。这个认识误区会让双方的感情降温，最终因不再理解对方而变得不和谐。无论对谁，我们都应该学会换位思考，特别是那些最亲近的人，更需要我们去用心理解。

关于情绪的小知识

如果把你的伤感和恐惧拿出来跟身边的人分享，不仅能让自己变得轻松，也能感动他们。他们会认为，你非常在乎他们。诚实、真挚、公开地交流你的感受与问题，这将大大减轻孤独给你的人际关系带来的压力。增强沟通会加强彼此的理解，实时把不现实的期望指出来，有助于你和配偶或朋友合作解决问题。你不能指望他们彻底读懂你内心的想法，必须亲自告诉他们你究竟有什么想法和感受。

提高共情能力，深化社交情感联系

要点提示

a 深入了解他人感受的唯一办法就是让自己处于对方面对的情境中。

b 提高共情能力的关键在于准确把握当事人所处的环境。

c 创造获得新的社会联系的机会，通过帮助他人来改善自己脆弱的情感。

孤独的人几乎都有社交恐惧。即使他们交到朋友，也不太明白怎样增进与朋友的情谊。他们的社交情感联系一般比较弱，没有形成牢固的情感纽带。这使得孤独的人总是对深厚的社交关系充满渴望，却又缺乏安全感，对归属感的需求未得到充分满足。

我们不该被动地等着别人热情相待，而应该主动深化自己的社交情感联系。朋友不贵多而贵精，社交情感联系不贵数量而贵质量。高质量的人际关系可以治愈我们的无助感，在我们受伤的时候让我们得到更多的情感支持，增强内心的力量。

1. 提高共情能力

人总是会高估自己感同身受的能力，误以为对方的感受和自己是一样的。高情商人士的一大特点是共情能力很强。共情能力可以让我们站在对方的思维、习惯和处境中，真正理解其情感体验，明白对方因何而喜怒哀乐。它比换位思考更加深入，能促进彼此的心灵交流。

> **情绪小词典**
>
> 绝望（despair）：
>
> 这个词源于拉丁语 de（没有）加上 sperare（希望）。绝望情绪让人觉得生活失去了意义，无法忍受自己，却又无法抛弃自己，被消极情绪噬骨蚀心，最终自暴自弃。

提高共情能力可以让你去了解更多与自己不同的人。你要想象自己处在对方的情况下，注意观察当时的环境、时间、人物、对方的心情等要素，从中解读对方在彼时的情感。这样你才能真正感同身受，知道对方需要什么，用令他们感到信服的方式来表达你的体贴和关爱。这样的沟通更有效，也更能拉近你和对方的心灵距离。

2. 创造拓展社交联系的机会

孤独者渴望获得温暖，但又习惯于回避社交。他们对处理人际关系感到头痛，甚至犹豫不决，没机会拓展社交联系。其实，我们除了可以利用社交媒体寻找志趣相投的网友之外，还可以设定一些自己感兴趣的目标，吸引那些有共同目标的人一起参与。成为帮助他人的志愿者，也是一种拓展社交联系的方式。当然，我们不需要太过复杂的社交关系，只是在寻找能够为彼此提供情感支持的朋友。

每个人都需要能够随意向其倾诉情感的朋友，向他们倾诉自己的忧虑、恐惧与愤怒等。但你不能只跟别人分享消极的心理感受，而不让对方分享你的快乐、希望等积极的情感。单纯以坏消息为基础的友情，没有人会喜欢。

我们应该慎重择友，结交那些正直、善良且能体谅他人的朋友。然后，我们应该向朋友坦诚地倾诉真情实感，包括消极的和积极的，让对方感受到我们的赤诚相待。这比在社交媒体上增加相互关注名单上的人数更能让我们获得强大的社交情感支持，不再为孤独而消沉。

关于情绪的小知识

世界各地的科学家在对多项关于宠物的研究后表明，饲养宠物能让人们对压力的感知度有所减轻，从而缓解人们对剧烈压力产生的不良反应。比如，主人领养了一只猫或狗，烦闷情绪在一个月内就会大大下降。饲养宠物的人在患高血压、高胆固醇、心脏病的概率等方面都比不养宠物的人更低。日本动物医院协会在调查了65岁以上的老年人群后发现，养宠物的老年人看医生的次数比不养宠物的老年人少了约30%。

第五章

失去令人痛苦不堪，但创伤能促进情商成长

虽然有得有失才是人生，但我们得到的往往比失去的少。得到某种东西时的喜悦之情很快就会烟消云散，失去某种东西时产生的消极情绪却会持续很久，甚至给人留下很大的心灵创伤。如果非要说高情商人士在面对失去时有什么过人之处，那就是他们在面对个人得失的时候更加清醒，能勇敢地向前迈进，积极地修复创伤，变得更加热爱生活。

承受丧失之痛是人生的必修课

▶ 要点提示

a 丧失会引发三种心理创伤。

b 丧失之痛会挑战我们的价值观和自我角色定位。

c 时间是人们从丧失之痛中恢复的重要因素。

丧失之痛，在所难免。这是我们人生中的必修课。如何正确应对，在很大程度上体现了我们的情商水平。情商低的人因为丧失而迷失了自我，选择封闭内心、逃避现实，既不肯勇敢地迈向新生活，又不能从苦海中得到自我救赎，任凭消极情绪吞没自己的生命力。

情商高的同样会感受到这种丧失之痛。他们的过人之处在于化悲痛为力量，从丧失之中领悟新的意义，更加珍惜眼前的一切。为了达到这个境界，我们先认识一下丧失会给人带来怎样的心灵创伤。

1. 三种丧失之痛

（1）自我认知混乱

丧失打乱了原先的生活秩序，这使得我们的自我认知产生混乱。比如，运动员因为受伤严重而告别体育生涯，在失去了健康和运动员身份后，他们会陷入迷茫，不知道自己今后应该以什么身份继续活下去。

（2）信念动摇

丧失之痛可能会动摇我们的世界观，怀疑自己对世界的认识一直是错误的。这对人的精神打击十分严重，因为信念危机会剥夺我们的安全感。只要世界观一天没有重建，我们就多痛苦一天。

> **情绪小词典**
>
> 失望（disappointment）：
>
> 失望是自己许下的期望突然间化为泡影后产生的失落感和挫败感。失望会让人悲伤、困惑、空虚，心灵因遭到残酷现实的重创而备受打击。

（3）人际关系断裂

经历丧失之后，我们可能会疏远那些曾经觉得有意义的人或事。在情感上难以回到从前的关系。比如，有些丧失家人或朋友的人无法面对原先的社交圈子，唯恐触景生情，唤醒悲伤的记忆。

以上三种心灵创伤的痛点各异，需要采用不同的恢复方式。我们会在后面的章节详细拆解。

2. 修复丧失之痛的过程

就事论事，大多数的丧失只会给人们带来短暂而轻微的痛苦，不会持续太长时间。不过，正因为平时在生活中失去的东西太多，大家往往对丧失的负面影响有所低估。只有那些对我们很重要的丧失，才会引起我们的注意。它会给人带来长期的心理伤害，经过一段时间调整后一般能恢复，但调整失败的话，很容易给我们留下深重的心理阴影。

通常而言，我们在经历了最痛苦的六个月后才开始自我调整。有的人会更早开始，另一些人可能很晚才进入状态，具体情况因人而异。如果超过一年仍然没有开始自我调整，就应该考虑向专业心理医生求助。

无论丧失之痛是轻是重，恢复的过程殊途同归。丧失都打碎了原先的生活秩序，我们面临的挑战是把生活的碎片重新组装到一起，组成新的生活。假如生活秩序未能重建，你的心灵就会留下裂痕。当你完成这个过程时，就会实现“创伤后成长”。

关于情绪的小知识

悲痛是一种强烈的情绪。它被视为包含其他情绪的一个过程或一段轨迹。最初的悲痛十分强烈，然后逐渐变得更为平静和不明显。当人们丧失了某个重要的人或者心爱之物时，第一反应是否认，不相信、不接受眼前的事实。因为丧失会给人们带来无法承受的痛苦。

否认行为起到了过滤器的作用，让人们不希望面对的事情被内心拒绝。但最终，人们还会接受这个事实。只不过接受事实之前可能要经过漫长的心灵脆弱阶段，填满该阶段的情绪是深深的悲伤。

最大的创伤在于如何重新定义自我

▶ 要点提示

a 丧失带来的最大创伤就是该怎样重新定义自我，找出新的生活意义。

b 如果不能从丧失之痛中找到自我表达的新途径，人们就很容易陷入自我怀疑和自我厌恶的泥沼。

c 丧失带来的“信念危机”会驱使人们不断反思事情发生的经过。

大海里的风浪会让船只偏离方向，只有不断修正航线，才不会远离目的地。人生有无数次丧失，但每一次丧失都如同风浪一般改变了我们原先生活的前进轨迹。我们不得不面对这些变化，并从中感受自我认知混乱、信念动摇、人际关系断烈三种丧失之痛。它们给人造成的最大创伤，就是让我们不知道该怎样重新定义自我，以至于迷失了方向。

1. 个人身份定位的困境

生而为人，离不开个人身份定位。“我是×××的家属”“我是祖国版图最西端的红其拉甫哨所边防连的战士”“我是世界杯冠军”“我是一名职业经理人”“我是一名80后北漂”都属于对自己的身份定位。我们会按照自己的个人身份定位来塑造自己。比如，某人在单位扮演着职场专家的角色，在家里则是以好儿子、好丈夫、好父亲的身份生活。当他失去了工作和亲人后，原先的个人身份地位就会随之瓦解，无法再继续按照事发之前的方式生活。

遇到这种情况时，除了重新定义自我之外，别无他途。比如，退役的奥运冠军无法再以运动员的身份生活，要么成为体育系统中的其他角色（如教练），要么改行、成为其他社会身份。如果这个过程顺利，他就能很快摆脱丧失之后的不适感，融入新的生活秩序。如果不顺利，他就容易积压消极情绪，心灵创伤日益严重。

情绪小词典

厌恶（disgust）：

厌恶是一种本能的排斥和反感。厌恶的对象可以是恶心的事物，也可以是让人反感的人。这种情绪比厌倦更加强烈。

2. 信念动摇的困境

我们在一生中会不可避免地失去重要的人或事物，对自己的价值观造成冲击。这让人在震惊之余感到痛苦无比，对周边环境不再有安全感，对生活失去希望。每个人都是按照自己的价值观来生活的，心中恪守的信念就是其精神支柱。只要这个精神支柱还在，再大的痛苦也有治愈的希望。可一旦信念动摇了，人就会精神失常，情商退化到极低的水平。

人生包括了多个发展阶段，每个阶段的你对世界有着不同的认识，形成了不同的信念。请仔细回想一下，你每一次的思想转变，是否发生在失去某些东西之后。那是你意识到原有信念无法指导自己今后生活的时刻。迷茫和痛苦驱使着你迫切地寻求一个新的答案。若找不到这个答案，内心就不得安宁，生活也就无法恢复常态。

当我们遭遇信念危机时，会忍不住去琢磨创伤性事件的每一个细节。试图从中分析出一种可能性——假如我当时如何如何，就不至于受此大罪。这个分析过程可能会困扰我们几个月，甚至很多年。只要一天没有重建价值观，我们就一天处于“想不通”的巨大痛苦当中。

关于情绪的小知识

人是社会动物，如果被排除在亲密伙伴的支持和关怀之外，很多人就会认为自己经历了非常悲惨的遭遇。“被排挤的恐惧感”也因此成为所有恐惧类型中最具影响力、也最容易被触发的一种。当我们失去亲密关系时，会有一股极度强烈的恐惧感，因为这是我们最为脆弱的地方。即使那些看上去一直活得自信满满的人在遭遇亲密伙伴抛弃时也会变得不堪一击。

及时安抚失意，给压抑的心灵排排毒

▶ 要点提示

a 及时安抚失意，避免心灵创伤恶化。

b 治愈丧失之痛没有绝对正确的方法。

c 用我们最喜欢的方式来缓解情绪上的痛苦。

丧失之痛在所难免，但我们可以不让心灵的创伤升级。虽然沉重的痛苦难以治愈，但最初的失意给人带来的创伤相对较轻。若能及时安抚失意，我们就能把心灵的创伤控制住，让它较快痊愈。

情绪小词典

气馁（dismay）：

气馁是一种惊恐、无力的感觉，让人垂头丧气、毫无干劲。当这种情绪汹涌而来时，我们基本上就丧失了工作热情和战斗力。

但是，人常犯的错误是轻视一时失意，觉得它微不足道而不去处理。

尽管轻度失意后你的注意力可能被别的事情分散了，但消极情绪并未真正消除，只是被暂时压抑了。

被压抑的心灵创伤无法获得积极情绪的充分治愈，迟早会反弹。因此，我们要养成时刻给心灵排毒的习惯，不让痛苦在心中滞留太久。

1. 不要封闭感觉

治愈丧失之痛没有绝对正确的方法。每个人的痛苦都是具体而多样的，心结也因人而异。你可以用自己最喜欢的、不伤害他人的方式来缓解情绪上的痛苦，也可以借鉴别人的心理调节方法，一切以让自己恢复心情愉快为原则。最关键的是，不要封闭自己的感觉。

我们都害怕面对丧失之痛，想把它忘掉，从而选择把自己的感觉冰封起来。可是，心结并不会因为被封存就自动消失。我们以为不再谈论相关事件，就能减少痛苦的复发次数。结果恰恰相反，封闭的感觉还是会因为意外的触发因素被唤醒，压抑的情绪顿时被释放出来。

你可以根据自己的情况来决定。感觉自己有必要向他人倾诉时，就去寻求社交支持。如果暂时不愿意提起，就先避免讨论。总之，不要一味地封闭感觉，与痛苦较劲，而是用你感觉舒服的方式来缓解它。

2. 安抚失意的办法

以下是人们常用的安抚失意的办法，你可以选择自己喜欢的方式去做。

- 寻找朋友或心理医生，谈论自己内心的苦闷。
- 用写作、绘画、制作视频等创造性活动来调节心情。
- 每天抽出一段时间打坐冥想。
- 听自己喜欢的音乐，并随之起舞。
- 积极锻炼身体，做自己喜欢的运动。
- 做一些较轻的体力活。
- 看自己喜欢的书籍、节目，让精神兴奋起来。
- 放下杂念，安心休息。
- 不参与任何可能给自己造成精神压力的事。

只要你感到心里不舒服，就可以做这些事情，及时把失意消除在萌芽状态。无论采取哪种方式安抚失意，最好是长期坚持下去。因为时间是治愈丧失之痛最好的药，前提是用你喜欢的方式度过时间。

关于情绪的小知识

哭泣的好处是能够表达我们对他人的依恋和需要，为加强人际关系提供一些机会。此外，眼泪一般被认为具有宣泄和释放的作用。适当的哭泣能让我们摆脱不自然的情绪，净化自己的心灵。也许哭泣时的情绪是猛烈而狂乱的，但事情过去之后，人们重新恢复平静之时，就会从这次宣泄和释放中受益。哭泣会暂时扭曲人的知觉，妨碍我们以恰当的方式应对问题。因为我们对问题还没有理性的解释，或者尚未想好解决方法。

走出自我迷失，回归正常的生活秩序

▶ 要点提示

a 丧失之痛会让人选择回避相关信息。

b 即使创伤性事件过去多年，人们依然可能感到痛苦。

c 努力恢复自己的生活角色。

创伤性事件会对我们的生活造成很大影响。由于不适应这种痛苦的变化，人可能会迷失自我，在事件发生的几个星期、几个月甚至几年中精神变得恍惚，不知何去何从。为了远离丧失之痛，当事人可能会选择回避与失去的人或物的相关信息。比如，暂时告别这个伤心地，切断当前的社交关系。在回避期间，他们可能会逐渐恢复心情，回归正常生活

情绪小词典

狂喜（ecstasy）：

这个词源于希腊语 ekstasis（忘形），原意是通过唱歌、跳舞或性生活等获得超然物外的感受。狂喜是一种稀有的情绪，我们在生活中很难感受到这种无上的喜悦。

秩序，也可能深陷其中，彻底舍弃原先生活中的重要部分。

即使引发丧失之痛的事件过去多年，人们依然可能感到内心空虚和不完整，甚至会迷失自我。自我迷失越严重，我们的身心健康状况越糟糕。走出自我迷失的关键在于，恢复自己抛弃了的、有意义的生活角色。以下方法有助于实现这个目标，不过必须在你确认自己做好心理准备时才能进行。

1. 罗列你的特征

在创伤性事件发生之前，你认为自己是个什么样的人？别人眼中的你是什么样子？请根据这几个问题，在清单上用至少10个词语来描述大家认为你有价值的品质、能力以及社会身份。比如，正直、忠诚、乐于助人等品质，讲故事、绘制地图、制作模型等能力，军人、科研人员、图书管理员等社会身份。描述得越细，越有利于找回自我。

2. 挑出特定选项

从清单中挑出与你当前生活最没有关系的选项。不限定项数，有多少项就选多少项。这一步的作用是帮助你对照当前的生活秩序和原先的生活秩序有哪些区别，确定你因为创伤性事件发生了哪些变化。

3. 阐述选项

为你之前选出的每一个选项写一段话。内容是解释你为什么认为它们跟自己当前的生活毫无关系，或者你为什么会失去某些大家公认的品质、能力和社会身份。此举是为了查明你将它们从生活中舍弃的原因。

4. 寻找恢复方法

针对每个选项的情况，再写一段话。内容是通过什么样的行动或者向哪些人求助才能把上述选项恢复到事件发生之前的状态。比如，你失去了某项能力后怎样重新掌握它，失去某项荣誉后如何重新得到它。只有找出恢复方法，你才能找回迷失的自我。

5. 对以上选项进行排序并开始执行

按照每个选项的可行性以及对你的重要性，对这些选项进行排序。然后按照优先次序去努力执行，争取做到最好。当然，这个恢复自我的过程必定会让你感到某种程度的不适应。所以，你要选择以自己感到舒服的速度来完成这些目标。循序渐进，不急于求成。如此一来，你就能重新找回自己失去的价值，放下过去的包袱，奔向新的生活。

关于情绪的小知识

人们有两种应对情绪的基本生存机制——趋近和回避。两者是截然相反的机制，经过千万年演化而成，是复杂性各有不同的有机体共同的机制。从阿米巴到人类都是如此。生存机制的运行规则很简单：趋利避害。人们努力追求幸福的生活，实际上包含了积极的目标和消极的目标。积极的目标是让我们获得强烈的愉悦感，消极的目标则是为了让我们避免痛苦和不愉快。

从悲剧中寻找意义，在创伤后茁壮成长

▶ 要点提示

a 从丧失的悲剧中发现意义和效益，有助于人们摆脱精神痛苦。

b 使用“反事实思考”可以发现悲剧中的意义。

c 找出丧失给我们带来的潜在效益。

无论一个人多么坚强，一开始都很难接受失去某个人、事物、机会的现实。我们在脑海中反复回放丧失这个悲剧发生的细节时，会让心灵创伤加剧。因此，时间能抚平伤口，让人淡忘一切。它实际上是有条件的。

能走出丧失阴影的人，并不是真的忘了悲剧，而是从中找到了新的意义，实现了心灵成长，更加珍惜眼前的生活。而那些沉溺于悲痛中不可自拔的人，没有从中找到积极生活的意义，仅仅把悲剧视为不幸或是上天对自己的惩罚。这种消极灰暗的认知，显然不可能让人恢复积极阳光的心态。因此，回归正常生活秩序也就无从谈起了。为此，当你为丧失的悲剧感到痛不欲生时，需要从两个方面

来平复自己的情绪。

1. 发现悲剧中的意义

发现悲剧中的意义，是指把悲剧事件纳入我们现有的思想价值观体系，以便更深刻地认识它。丧失的悲剧无疑会让人痛苦很久。当事情过去几个月或者几年时，你就可以尝试去发现其中的意义，并采取一些有利于情绪恢复的行动。

> **情绪小词典**
>
> 尴尬（embarrassment）：
>
> 这个英文单词大约出现在18世纪50年代，描述的是一种由于受挫而产生的窘迫感。尴尬通常源于一个人在众人面前做出了轻微而短暂的、不被接受的行为。

比如，有些人的亲友因白血病去世后，他们在悲痛之余提高了对白血病的预防意识，并且热心参与相关的公益活动。接受无法挽回的悲剧，减少新的悲剧发生，这就是一种积极的意义。

悲痛情绪会让你总是想着事情“怎么会”发生。其实，我们更应该多问事情“为什么”发生，找出悲剧产生的原因，从更加宏观的层面去认识悲剧的意义。这会让我们明白自己今后该怎么做，最终获得内心的安宁。

2. 找出悲剧中的效益

在完成上一步后，你已经进入精神复苏阶段，可以尝试着找出悲剧中的效益。假如你还没有摆脱严重的精神痛苦，就不要勉强自己这么做，还是以平复情绪创伤为优先事项。

悲剧会促使人们痛定思痛，加深对生活的理解，掌握新的技能，调整自己的发展目标。这样，我们的视野将因此变得更加开阔，思维更加清晰，对情绪的调解能力和人际关系处理能力将登上一个新的台阶。

这些都是你可能从悲剧中获得的收益。当然，只有在你采取实际行动时，才能真正收获它。丧失的悲剧只是你人生道路上的一小段经历，并不是你人生的全部。不妨想象一下十年后的人，凭借从悲剧中得到的收益变成了理想中的人。请朝着这个方向行动，等到那一天再回首往事时，你会发现，不是悲剧成全了你，而是你成全了你自己。

关于情绪的小知识

恐惧感让我们陷入了非黑即白的思考模式，让我们无法表达真实的自己。在黑暗中逐渐扩大的恐惧虽然难以觉察，却是真实存在的。我们的身体以及大脑中的基本反应都告诉我们要避开恐惧，我们也的确会避开。因为，我们打心底认为回避恐惧才是生存之道。但事实上，人们希望自己的情绪保持健康状态的话，恰恰要采取相反的做法——直面自己内心最深处的恐惧。

第六章

内疚是情绪毒药，情商高的人要适可而止

有人说，少量的内疚是帮助我们改正错误、完善自我的超级英雄，大量的内疚则是消耗我们身心能量的毒药。内疚也分健康和不健康两种类型。不健康的内疚会剥夺我们的幸福感和自信心，令人陷入过分自责的泥潭，心里始终有一道过不去的坎，从而无法继续前进。这样的内疚是高情商人士需要避免的。

过分内疚是破坏幸福感和沟通的毒药

要点提示

a 过分内疚严重阻碍了人们追求幸福、体验美好的能力。

b 悬而未决的内疚会加重一个人的悔恨和羞愧感，让双方难以做到真诚沟通。

c 内疚会让人选择自我惩罚甚至自我毁灭等方式来减轻内疚感。

当一个人意识到自己做错事的时候，内疚感会立即涌上心头。这是普遍的心理现象，因为据研究表明，人们每天大约有两个小时会感到轻微的内疚，每个月大约有三个半小时会感到非常内疚。它的存在是如此普遍，可能转瞬即逝，也可能困扰你一生。高情商人士同样会内疚，只是不会被其压垮而已。他们之所以努力地缓解过度内疚情绪，是因为深知其破坏力。

1. 内疚之伤

内疚会给人造成两种心灵创伤：

（1）破坏个人幸福

在内疚感的驱使下，任何追求幸福的行为，都会被我们视为背德之举。我们难以集中精力做自己想做的事，很容易感到悔恨和羞愧，不能心安理得地享有自己应得的权益。

（2）妨碍社交沟通

当内疚悬而未决时，我们难以真诚地跟那些被我们伤害过的人沟通。哪怕是无心之失，也会让人陷入自我谴责、自我厌恶的心理状态，在他人面前抬不起头来。越是亲密的关系，越容易引发强烈的内疚。这种心灵创伤会从一个人的家庭圈扩散到朋友圈，再扩散到所有社交圈。内疚者越来越难以跟其他人正常沟通，并且会产生更多的心理问题。

2. 无尽的自我惩罚

除了内疚本身带来的痛苦之外，人们为了减轻负罪感，会做出自我惩罚行为，极端者甚至会走上自我破坏或自我毁灭的道路。有些人采取的是体罚自虐的形式，有些人则是对自己施加精神惩罚。

其实他们也知道此举并不会真正消除内疚感，对弥补自己犯下的错误也没实际意义。但是，不这么做的话，内疚者会感到更加难受。用痛苦来抵消痛苦，得到的只能是加倍的痛苦。这使得内疚者的内心越来越消沉脆弱，失去理性思考力和判断力，无法振作起来。

想靠自我惩罚得到救赎，无异于缘木求鱼。因为内疚的本质是对自己辜负某种标准产生了罪恶感。只有做出补偿、纠正错误、赢得对方的原谅，才能消除心中的内疚感。作为内疚者，无论我们的自我惩罚多么强烈，只要对方不肯原谅我们，我们就无法原谅自己。精神上的痛苦会持续下去，让我们一步步走向失控。

内疚固然有较强的破坏力，但也具备不可替代的积极意义。它是一个天然警报信号，提醒我们已经做出了某些违反个人准则或者伤害他人的行为。这种内疚带来的痛苦会促使我们意识到自己的错误，重新审视自己的行为，弥补过错，修复人际关系。只要问题圆满解决，我们的内疚感就会消失。所以，高情商人士从不一味地回避自己的内疚感，而是勇敢地面对问题，积极地解决它，让心灵获得真正的解脱。

关于情绪的小知识

当内心感到内疚的重压时，我们肯定会耗费很多时间去反复想它。现在想象一种生活：你的社交和人际中没有任何内疚。如果你不认为这是一个荒诞可笑的练习，而是认真思考没有内疚感的生存状态，你可能会想："那是多么轻松啊！"如果没有各种会引发新的内疚或让内疚感长时间无法消除的情况，我们一定会获得大量的时间以及内心的平和。但是，如果我们没有或者不会感到内疚，便会重复犯错，从而失去调整和改进行为的动力。我们会漠视社会和道德规范，不理会自己行为的结果。

远离四种不健康的内疚心态

▶ 要点提示

a 四种不健康的内疚心态分别是什么。

b 不健康的内疚都跟不良人际关系息息相关。

c 有些内疚既没有需要补偿的人，也没有需要修补的破裂关系。

内疚可以分为健康和不健康两种类型。健康的内疚是由于我们违反个人准则而产生的消极感受。不过，它的程度轻微得多，不会长久不散。比如，正在减肥的你没有管住嘴，上班忘记带手机，下班时忘了拿走桌子上的快递件。这些失误就属于健康的内疚，会让你感到有些遗憾，但不至于一直耿耿于怀。因为客观上损失不大，不会对你造成太多的心理伤害。健康的内疚能促进人们反省自身、改进不足，是一种有益的精神力量。

不健康的内疚则不然，已经从轻微的遗憾上升为沉重的负罪感。一旦进入不健康的内疚状态，你会想方设法地否定自己的一切，在懊恼与悔恨中不可自拔。我们衷心地希望大家能远离以下四种不健康的内疚心态。

1. 未解决的内疚

当我们冒犯或伤害他人后，若是及时道歉或给予补偿，获得对方的谅解，就不会继续内疚。如果没有做到这一步，就会留下“未解决的内疚”。造成未解决的内疚的原因，可能是你不敢承认错误，也可能是你想道歉却不知该怎么做才好。更糟糕的情况是，你对他人的伤害过于严重，致使对方很难真正原谅你。矛盾未能有效解决，于是内疚在你心中生了根，迟迟无法消除。仿佛一株春风吹又生的有毒植物，不断毒化你的心田。

情绪小词典

嫉羡（envy）：

嫉羡的英文一词源于拉丁语invidus（嫉羡的），描述的是人们因为羡慕嫉妒恨而产生的心态。嫉羡是心理不平衡的产物，令人感到很不愉快。它的反面是感恩，感恩者知足常乐。

2. 幸存者的内疚

这种内疚最为棘手，因为内疚的人并无明显过错，既没有需要道歉或补偿的对象，也没有需要修复的人际关系。幸存者的内疚是一种漫无目的的消极心态。他们之所以内疚，仅仅是因为在战争、灾难、事故、疾病等事件中幸存下来。幸存者对只有自己活下来感到非常痛苦，觉得自己有责任阻止悲剧发生，却没做到。这些内疚心态会被同情心和良知放大，给幸存者造成严重的心灵伤害，甚至演变成只有受过严格训练的专业心理医生才能处理的创伤后应激障碍（PTSD）。

3. 分离的内疚

假如你只考虑自己却没有想到别人，由此引发的内疚就是分离的内疚。比如，很多外出打拼的人独在异乡，每每想到年迈的父母身边没人照顾，陪伴父母的时间越来越少时，就会产生分离的内疚。虽然自己的选择符合正当利益，但或多或少地给别人造成了麻烦、困扰、忧伤。即使对方表示完全支持你的决定，你也会觉得自己亏欠了对方而感到内疚。

4. 不忠诚的内疚

人们在追求个人目标时，做出了违背家人、朋友、合作伙伴对自己的期待和信任的选择。由此产生的内疚就是不忠诚的内疚。比如，出轨者背叛家庭，叛徒出卖战友，只要心存一丝良知就会产生不忠诚的内疚。若是承受不了良心的拷问，内疚者会痛改前非，向自己背叛的人赎罪。但是有的人为了达到某种目的，会泯灭最后的良知，以扭曲心灵为代价强行消除不忠诚的内疚。

关于情绪的小知识

内疚是一种社会补救工具，确保某些行为不会再发生。它能够让我们把自己塑造得更好。它抑制自私自利，为利他行为和亲社会行为创造了空间。内疚感确实令人不快，而且持续时间长，很难消除，但正因为如此，内疚才会激发我们采取道歉等行动，修复自己造成的破坏，尝试消除或弥补过错造成的后果。因此，内疚会激励我们按照道德和社会所接受的方式行动，从而纠正我们的错误行为。

过分自责绝不是一种高尚的品质

▶ 要点提示

a 被自责控制的人会日复一日地被痛苦和内疚困扰。

b 自责分为“真自责”和“假自责”两种类型。

c 为了保持心理平衡，人应该学会享乐。

内疚感会让人感到自责，反复对自己的灵魂进行拷问。自责就像一座大山，压得人无法动弹；自责就像一张大网，令你被紧紧束缚。你无法忘记自己的过错，不敢忘却由此产生的痛苦。因为在你看来，一旦停止自责，自己就会变成一个不知羞耻的坏人。

> **情绪小词典**
>
> 激动（excitement）：
>
> 激动是一种触发行为的情绪，与肾上腺素的分泌息息相关，可以激发人的活力。激动的人往往双眼发亮、红光满面、血液循环加快、比平时更有灵感。

自责源于强烈的是非观念，它对人们的重要性像盐一样。我们应当明辨是非，勇敢地面对自己的错误，积极地改掉它。但过量的自责就像摄入过量的盐，会危害身心健康。当你已经承认并改正错误后，就应该舍弃多余的内疚感，停止自责行为。如果继续沉浸在自责心态当中，只会让人在日益消沉中变得一事无成。因为过度自责并不代表你的是非观念比别人更高尚。要知道，自责也有真假之分，不可不察。

1. 分清“真自责”和“假自责”

当你对自己的行为感到羞愧、尴尬或是耻辱，希望为此承担责任时，这种自责就是真自责。真自责的本质是错误行为与该承担的责任一一对应，所以这是一种适度的自责，有益于我们的心智健全发展。真自责是一种高尚的品质，它能促使我们纠正错误，修复与他人的关系。随着错误的纠正，你的内疚感会自动消除，真自责会自动从你的心中消失，不会妨碍你今后的生活。

假自责则不然。它的罪过与责任并无对应关系。换言之，人们是对原本不需要自己承担责任的事情感到自责。这样的自责是一种不健康的心态，会让人的注意力不集中、记忆力下降，变得更容易犯错。假自责的人心中有着莫名其妙的内疚感，承担了不属于自己的过失。从某种角度来说，这算是自己找罪受。高情商人士对此心知肚明，故而不会拿假自责来冒充反思精神。

2. 不要因为自责而逃避一切“享乐”

人原本就很容易心理失衡，所以更需要我们想办法保持心理平衡。只有心理平衡了，情绪才能得到有效调控，人才有充足的精神力量来提高自己的情商。为此，我们除了必要的反思外，还应该多多享受快乐。只有享受快乐，才能缓解内心的压力，宣泄消极情绪，恢复内心的平静。

假自责的危害恰恰在于破坏了这种心理调节机制。它催促人们始终保持自我惩罚状态，把一切“享乐”行为视作修行的大敌。你会因为连续不断的自我惩罚而感到压力倍增，却又不能通过“享乐”来释放压力，以至于无法补充积极情绪的能量。久而久之，你内心的负能量越积越多，不在压抑中爆发失控，就在压抑中心如死灰。

总之，我们应该拥抱真自责，摒弃假自责。不要让内疚心理压垮我们的精神。无论你多么自责，都要享受正常生活的权利。不，应该说这是成为高情商人士的基本义务。

关于情绪的小知识

长时间的自责会令人体中的压力激素分泌过量，从而导致传染病、心血管疾病与肠胃疾病，甚至可能引发智力损伤。当人们的压力非常大的时候，皮质醇、肾上腺素、降肾上腺素等压力激素就会增加分泌。这对保护我们身体的健康是不可缺少的。不过，如果长时间不断地分泌此类激素，就会产生负面影响。比如，皮质醇的过度分泌会逐渐阻碍大脑里海马趾功能的发挥，导致智力损伤。

学会自我宽恕，重新投入美好生活

要点提示

a 自我宽恕对消除过多的内疚感起关键作用。

b 自我宽恕不等于认同或淡化我们犯下的错误。

c 如果没有真诚的自我检讨，就不可能实现真正的自我宽恕。

情绪小词典

感恩（gratitude）：美国加利福尼亚大学心理学家桑雅·吕波密斯基把感恩定义为“细数自己的幸运”。她通过实验证明，坚持写感恩日记能提升人的幸福感。这成为积极心理学运动的一个重要基石。感恩可以降低我们的不满和欲望，使我们对自己所拥有的一切感到开心。

通过真诚的道歉获取被伤害者的谅解，是消除内疚感的最佳方式。但在实际操作中，我们未必每次都能达到这个目标。比如，有些被伤害者的怨恨太深，说什么都不肯原谅你；有些被伤害者已经去世或者失去联系，你无法向他们当面致歉。在这种情况下，内疚感可能会伴随我们一生，不断造成自我伤害。想要摆脱痛苦，唯一的办法就是学会自我宽恕。

其实，获取对方原谅的根本目的，也是寻求自我宽恕。对方的宽恕能抚平我们良心上的不安，能让我们重新抬起头来认可自己。当然，自我宽恕不是让我们丢弃自己应该承担的责任，而是通过问责和赎罪来减轻内疚感，最终实现自我救赎。

1．自我宽恕从问责开始

先在纸上写出因为你的错误行为或不作为而给别人造成的伤害。首先检查你的描述，把所有避重就轻或者找借口的部分删除，不可夹杂一句抱怨对方的话。从客观现实和主观情感两个方面来总结对方受到了什么伤害，被伤害到什么程度。再次检查你的描述，确认它是否符合事实。你不要为自己开脱，但也别过分自责，就当自己是在一旁记录事实的目击者，而不是当事人。

在弄清事实后，你要考虑的是自己的错误是否是故意犯的。如果是故意的，为何要这样做？如果不是故意的，你的本意为何？不经过这番扪心自问，你就无法找出自己情有可原的地方。注意，这么做不是为了推卸你的责任，只是在更准确地了解事情发生的背景，充分认识到自己当时情绪失控的原因。

2．赎罪是自我宽恕的终点

经过上个步骤，你已经对自己的过错和责任有了比较客观的认识。接下来，你应该专注于自我宽恕。只要能弥补被伤害的人，你就要尽最大的努力。倘若你没有机会直接补偿他们，就只能通过恢复心理平衡来获得自我宽恕了。

首先，你要在思维、行为、习惯和生活方式上做出足够的改变，最大限度地减少再次犯下同样错误的概率。其次，为自己的错误赎罪，与自己达成某种协议，通过为他人或为社会做出一些贡献，完成一些重要的任务来减轻自己的负罪感。也就是俗话说的“将功补过”。虽然这些补过任务不能直接让被伤害者受益，但你会在为他人或社会真诚奉献的过程中得到心灵救赎。

注意，不要去计算自己付出多少代价才能获得救赎。恢复心理平衡不是做交易，你要真诚地自我问责、赎罪和补过，否则内心就不会得到真正的安宁。假如有一天你觉得自己完成了所有的赎罪任务，就举行一个简短的仪式纪念这个日子。你的内疚感已经得到救赎，今后请继续做个问心无愧的好人。

关于情绪的小知识

内疚经常被误解为懊悔和羞愧。这些情绪之间存在相似之处，但有根本差异。内疚和懊悔都需要承担决定、行为选择或者行为疏忽所带来的有害后果，但懊悔在道德上的强度稍弱一些。当决定的结果不像我们预期的那样理想，或者被放弃的选择更有利时，我们就会感到懊悔。但是与令人内疚的行为不同，令人懊悔的决定并不会伤害他人。

情绪反刍加剧伤害，不要总是揭自己的伤疤

鲁迅先生笔下的祥林嫂一遍又一遍地向周围的人讲述自己的不幸遭遇。这就是典型的情绪反刍行为。情绪反刍的起点是痛定思痛。反思带来的领悟会让人的心情变得轻松，但有的人在反思的过程中并没有获得解放，反而更深地陷入了消极情绪当中。每一次反刍行为，都会使其内心的创伤更加严重。因此，如何区分必要的反思和不必要的反刍，是高情商人士必备的情绪管理技能。

坏心情死灰复燃，都是情绪反刍惹的祸

要点提示

a 人在遭遇痛苦时会进行自我反思，但不恰当的自我反思会演变成情绪反刍。

b 情绪反刍的主要危害是不断加深各种消极情绪对我们的伤害。

c 我们要注意区分不良的情绪反刍和良性的自我反思。

对于高情商人士来说，“吾日三省吾身”是个人素养的体现。通过反思痛苦的经历来总结经验教训，可以让我们学到很多东西，领悟实用的智慧，避免下次再犯同样的错误。不过，反思固然是必要的，但并不是每个人都能做好这一点。有些人在反思过程中不小心走入歧途，陷入

情绪小词典

悲痛（grief）：

悲痛是一种充满孤单色彩的奇特情绪，包含了从否认到接受的过程。当人们感到悲痛时，就会变得死气沉沉，仿佛其他所有情绪都被封闭了起来。

情绪反刍的恶性循环。

情绪反刍和反思一样，通过回顾痛苦的经历来思考问题。但不同的是，情绪反刍只是在重复播放那些令人感到痛苦的场景、话语、感觉，而没有上升到理性认识的高度。

情绪反刍行为只是一遍又一遍地重复体验当时的痛苦，把由此产生的各种消极情绪都扩大化。情绪反刍会让消极情绪的影响效果成倍增加，使之更具破坏力。这种行为既无法获得新的生活感悟，也不利于治愈已有的心灵创伤。

人类本能地倾向于反刍痛苦的体验，而不是那些快乐的体验。痛苦的经历让人刻骨铭心，愉快的经历就像可乐一样，喝完就完了，没有什么令人回味。这就是人们总觉得快乐很短暂，痛苦却很漫长的主要原因。

你可以回想一下，自己是否记得最近一次快乐时光的细节，然后对比一下让你最近感到痛苦的遭遇。前者让你放松，于是你的大脑会觉得没有牢记于心的必要。后者让你受伤，会唤醒你的恐惧、焦虑、悲伤、痛苦，不安全感驱使你把这些受伤的细节铭刻于心，以免下次不能有效保护自己。

时间会让人淡忘一切。我们脱离了相关的情境，脑中的相关信息会被其他信息屏蔽掉。于是消极情绪不再产生，积极情绪重新占领了心灵的高地，让我们继续好好生活。

但是情绪反刍行为会把我们的心灵再次置于当时的情境中。我们无法通过反刍来释放心理压力，清空情绪垃圾。因为反刍行为本身会产生大量消极情绪，增加我们的沮丧、无助感、不安全感，让负面的想法充斥我们的大脑。原本被时间治愈的心理创伤，很可能再次复发并且趋于恶化。

有些人之所以被挫折打得再也爬不起来，在很大程度上是因为情绪反刍经常让坏心情死灰复燃，消磨了自己的斗志和耐性。这显然不利于我们保持身心健康。

为此，我们必须学会区别不良的情绪反刍和良性的自我反思。同样是分析痛苦经历的细节，情绪反刍只是在自怜自艾或自我贬低，是一种消极的思维方式。而自我反思虽然会对自己提出严厉的批评，但落脚点是找出改正不足的方法，本质上是一种积极的思维方式。这个差异决定了情绪反刍只会让我们变得愈加消极，完全起不到自我反思的积极效果。

关于情绪的小知识

以下方法可以让我们区分哪些属于愤怒情绪反刍，哪些属于正当的愤怒。那些能让我们鼓起勇气反抗讨厌的事、帮助我们做出决定的愤怒，就是有益的愤怒；反之，如果总是发怒，无论是谁，即使是尽力帮助你的人，也是有害的。全盘否认愤怒的存在是不正确的做法。因为愤怒是我们情感生活的一部分，我们需要适当地表达它。“活在当下”的概念是愤怒情绪反刍的解药。人们只有学会不对过去耿耿于怀，也不为不确定的未来而烦恼，才能控制好自己的情绪。

情绪反刍行为令悲伤的人不可自拔

要点提示

a 情绪反刍行为具有自我强化的特点，会让我们变得更加不开心。

b 有些人产生了情绪反刍倾向后，就会形成一个情绪反刍周期。

c 如果无法停止情绪反刍过往痛苦经历的行为，人就会终日闷闷不乐。

你在安慰悲伤的人时，可能会注意到他们总是喜欢反复回想伤心往事。虽然多次劝说他们把事情忘掉，但他们还是忘不了。有些人可能在一段漫长的时间内逐渐脱敏，偶尔记起往事，也能一笑而过。但也有些人无论过了多久都走不出心理阴影，在悲伤中不可自拔，最后甚至郁郁而终，留下新的遗憾。

那些悲伤过度的人，不一定是意志薄弱、心理脆弱、性格软弱，说不定原本还是大家眼中坚韧不拔的模范。但他们在自己很在乎的事情上，会受到比平时更严重的伤害。假如不能控制自己的情绪反刍行为，纵使再坚强也会被悲痛击碎。

1. 情绪反刍为何破坏力惊人

再坚强的高情商人士，心理承受能力也是有限的。偏偏情绪反刍行为具有天然的自我强化属性，使得消极情绪跟着被强化。你的不开心就会因为情绪反刍变得更加不开心，可是不开心又会令你忍不住想情绪反刍。所以，人一旦开始情绪反刍，就很难停止。

情绪反刍的自我强化属性导致我们的心理治愈过程十分曲折。本来创伤有所恢复，中途来一次反刍就又前功尽弃。而且每进行一次情绪反刍，痛苦程度就会更深且持续时间也会延长。试问，心灵创伤怎么可能恢复如初呢？这个反复的过程，会扭曲我们对事物的看法，过于关注痛苦的经历，动辄感到无力、无助以及绝望。

2. 难以消除的情绪反刍周期

尽管每个人都做出过情绪反刍行为，但程度存在差异。有些人在进行少数几次情绪反刍后就会摆脱原先的情绪困扰，不再为过去的事情伤感。而另一些人一旦开始情绪反刍，就会形成一个情绪反刍周期。当情绪反刍周期来临时，即使那一刻并没有什么令人痛心的因素，他们也会心情低落，仿佛仍然置身事中。

研究表明，就算没有外界因素的干扰，具有情绪反刍习惯的人也会出现情绪反刍行为。这种行为往往令他们感到十分沮丧，总是反复回想起让自己难堪、羞愧、痛苦的细节，不能正确地评价自己。更糟糕的是，这类人原本可能是抱着反驳自己消极思想的心态进行情绪反刍，结果却加剧了自己的痛苦，并没有因为正视问题而解决问题。

也就是说，情绪反刍行为一旦在你心中生根，就难以消除。若不能适时停止情绪反刍，我们的精力和情感就会被大量占用，难以再进行创造性思考。因情绪反刍而积压的消极情绪总有一天会超出人的心理承受能力，造成更多不良后果。

关于情绪的小知识

情绪痛苦是社交联系和情感纽带断裂时产生的痛苦，它与身体的疼痛有某种共同的神经机制。其中，负责身体疼痛的系统更早演化出来，负责情绪痛苦的系统是在此基础上发展起来的。身体痛苦会驱使人们回避可能造成伤害的事物。但不幸的是，人们更倾向于情绪反刍的痛苦带来的感受，而不会一遍又一遍地回顾令人开心的经历。所以，情绪反刍过程不仅会加深痛苦，还会让身体感到不适。

情绪反刍会这样伤害我们所爱的人

要点提示

a 情绪反刍会反复消耗我们的活力，使我们以更加消极的态度来看待生活。

b 关心我们的人会因为重复讨论同样的事情而逐渐丧失耐心。

c 频繁的反刍情绪行为会让我们只在乎自己的感受，而不关心其他人际关系。

我们常犯的错误是太在乎自己的感受，而没有想过一次次重复讨论同一个问题会消磨对方的耐心和同情心。有些人可能意识到了这个问题，却又觉得我们所爱的人不该为此生气。这种心态会让那些爱我们的人受到伤害，令我们的人际关系变得日益紧张。

情绪小词典

仇恨（hatred）：

仇恨是一种非理性情绪，让人清晰地划分自己和仇视对象的界线。它被不少人视为是卑劣、偏狭、反社会行为的同义词。即使最恭敬有礼的人也可能心怀仇恨。

以下几个问题可以比较准确地评估你的人际关系紧张程度，对你社交圈子中的每个人都适用。你要诚实地回答这些问题，才能真正意识到自己是否在不知不觉中成为对方的“压力源”。

1. 相关事件时隔多久?

有些事情对我们的伤害可能比较严重，影响可以持续数月甚至数年。越是刻骨铭心的痛苦，越是需要更多时间来恢复。对于这一点，你的亲友们会理解。但是，凡事都有一个度。比方说，你为某件事倾注了三年的心血，受到的创伤可能需要3~6个月才能恢复。在这个平均恢复期内，大家不会拒绝倾听和支持你。但你在一年后还喋喋不休的话，大家就会对你感到厌烦。

2. 你和对方讨论了几次这件事?

我们真正信赖的人不多，遇到痛苦时往往只是向少数的特定对象求助。假如你过于频繁地讲述对某些事的感受和看法，他们就会感到心理疲劳，产生精神负担。你给他们带来麻烦，却毫无自知之明，这无疑会降低他们对你的好感。我们应该学会充分地利用其他的社交支持力量，避免自己最信赖的亲友负担过重。

3. 对方是否愿意提及自己的困难?

也许你总是依赖亲友的帮助，向他们倾诉苦恼，但他们很少向你提及自己的困难。如果遇到这种情况，你要小心了，你们之间的关系迟早会出问题。不要以为世界上只有你会感到痛苦，你的亲友也不是超人，他们也会遇到很多烦恼。他们每次都为你分忧，而你总是以为他们没有烦恼而不去施以援手。这显然不公平。你应该经常让他们也倾诉自己的烦恼，帮他们解决困难。

4. 你们的交流中有多少内容是关于你的问题的？

你可能事后才发现，跟对方交谈的几乎都是自己的情绪反刍内容。这意味着你总是把自己定义为需要呵护的受害者，而不是对方的亲友。他们不是你的情绪垃圾桶，虽然愿意帮助你，却不希望你一味地沉浸在负能量中。亲友之间不该只说关于自己消极情绪的沉重话题，也应该让对方听到一些轻松愉快的信息。只分享痛苦，而不分享快乐，不是高情商人士该做的事。

关于情绪的小知识

情绪反刍会频繁地在我们头脑中点燃愤怒之火。人们越是不停地玩味往事，消极情绪越会在循环中自我强化，引发悲伤情绪。我们越是与朋友讨论愤怒的感觉，自己就越会觉得愤怒不已。一项研究表明，如果先让人们体验一段不愉快的经历，再诱导其中一些人情绪反刍之前的遭遇，就会发现情绪反刍者更容易表现出攻击行为。愤怒的情绪反刍者依然怒不可遏，让周围的人沦为自己发泄愤怒和烦躁情绪的对象，而不管人们是否完全无辜。

用第三人称视角来看待痛苦经历

要点提示

a 用第一人称视角分析痛苦经历，会让我们的情绪强度达到事情发生时的水平。

b 第三人称视角是自我疏远视角，可以帮助我们摆脱狭隘的自我沉浸视角。

c 用第三人称视角回顾往事时，痛苦的程度要小于第一人称视角。

分析痛苦经历是必要的，避免陷入周而复始的情绪反刍也是必要的。为此，我们要想办法用积极的反省代替消极的情绪反刍。两者的根本区别在于，情绪反刍是用第一人称视角（也叫自我沉浸视角）看问题，而反省是用第三人称视角（又名自我疏远视角）看问题。角度的差异给人带来的影响大不相同。

我们会很自然地从第一人称视角出发，站在自己的立场上，透过自己的眼睛来分析痛苦经历。这相当于把我们看到的一切重播一遍，回到当时的情境中。于是我们的情绪强度就会不受控制地达到创伤性事件发生时的水平。我们完全沉浸在往事中，场景是如此触目惊心，以至于心灵创伤随着情绪强度的上升而再度裂开。

高情商人士想在情绪反刍中保持不受丝毫影响，也是极难做到的事情。因为沉浸在自己的立场看问题时，保护自己会成为大脑的优先指令。最直接的反应是替过去的自己难过、悲痛，愤愤不平。把新的消极情绪注入旧的心灵创伤，恢复过程不可能不中断。因此，痛苦不减反增也就在情理之中了。

情绪小词典

不耐烦（impatience）：

不耐烦，在今天的快节奏生活中是一种常见的情绪，它体现了人们对时间的迫切需求。

不分析痛苦经历就不会吸取教训，但分析痛苦经历又容易使自己沉浸在痛苦中。为了解决这个矛盾，高情商人士会站在第三人称视角，也就是自我疏远视角来分析自己的痛苦经历。换言之，我们不是通过自己的眼睛去回首往事，而是像局外人一样在高处看着过去的自己。

自我疏远视角的视野比自我沉浸视角的宽很多。后者几乎只注意自己的情况，而忽略了对方的处境。前者不仅能更清楚地观察各方的反应，还会帮助我们降低应激反应，重建对自身体验的理解。如此一来，我们就不会停留在一味地抱怨事情如何发生的阶段，而是进一步思考事情为什么会发生。

研究表明，同一个人用自我疏远视角分析痛苦经历（反思）得出的结论与自我沉浸视角（情绪反刍）会有很大的区别。更重要的是，用自我疏远视角的方式来回顾创伤性事件时，感受到的痛苦比自我沉浸视角明显要小得多。而且此后重新想起痛苦经历的次数也减少了。即使再度想起，也不会产生跟事情发生时同等水平的情绪强度，痛苦程度也比使用自我沉浸视角的情绪反刍者更轻。

关于情绪的小知识

在转换视角看问题的时候，要注意每次回想同一件事情时都必须使用同一个视角。一定要从心理拉大和自己的距离，仿佛自己是一个旁观者。这个练习不能中断，只要想情绪反刍，就坚持使用这个视角，把情绪反刍引发的强烈情绪慢慢平息下去。只要情绪平息了，就赶紧转移注意力，不要让情绪反刍的念头再次涌上心头。这种方法可以减少导致愤怒和抑郁的情绪反刍，让因情绪反刍而过度损耗的智力和精神功能得以恢复。

分散注意力，缓解情绪反刍的冲动

要点提示

a 反刍的冲动很难遏制，拼命不去想反而会迫使人们更想某件事。

b 通过分散注意力来干扰情绪反刍思维，是一种有效的调节心理的方法。

c 短暂的、强度较低的活动也能有效打断情绪反刍，从而改善我们的情绪。

情绪反刍的冲动无论多弱，一旦启动就会继续下去。因为强迫自己不去想某件事是非常困难的，只会起到相反的效果。如果我说“请不要去想一只跟蒙古马抢饲料吃的羊驼”，你的大脑恐怕不会在听到“请不要去想”时就自动停住，而是本能地先把这个场景想象出来。这是为了确认“不能去想的东西”，以免今后不小心想到。同样的，遏制情绪反刍的冲动是很难的，你越强迫自己忘掉痛苦的经历，越容易触景伤情。

简单粗暴的压制虽然不奏效，但这不代表我们可以什么也不做。人有一个心理特点是注意力容易被分散。当注意力高度集中时，积极情绪和消极情绪都会达到峰值。如果有突发事件发生或者插入的消息打断，注意力就会被分散，新产生的情绪将冲淡现有情绪。情绪反刍会使得我们的注意力趋于集中。只要我们反其道而行之，设法分散用于回顾痛苦经历的注意力，就能削弱情绪反刍带来的副作用。

情绪小词典

妒忌（jealousy）：

妒忌，本质上是害怕自己的地位被取代。这种消极情绪一直在暗中折磨你的内心，颇具煽动性，会让人们感到痛苦，让人心胸狭隘、软弱无力、无事生非，甚至做出疯狂的报复行为。

做自己感兴趣的事或者需要全神贯注去做的任务，是干扰情绪反刍思维的有效方法。比如，体育运动、下棋、钓鱼、拼图、猜字谜、玩游戏等，都可以扰乱你的情绪反刍过程。有些人喜欢通过参加社交活动或者看电影等方式来分散注意力。这两种办法虽然有效，但不能随时随地采用。实践证明，用时短的、对体力和脑力消耗较低的活动，更利于打断情绪反刍思维。

我们的目的是分散注意力，因此你可以尝试各种方法，找出你最喜欢的来调整情绪。为了提高打断情绪反刍思维的能力，我们有必要在纸上罗列自己最可能产生情绪反刍思维的地点和情景。然后针对每个地点和情景写下能暂时分散注意力和能在长时间持续分散注意力的办法。这些办法不贵多贵精，关键是便于随时随地操作，以便给自己准备遏制反刍冲动的应急预案。

假如你最近遭遇了某个痛苦的经历，经常忍不住进行情绪反刍，就把这张带有应急预案的纸随身携带。情绪这种东西，来如山倒，去如抽丝。处于情绪反刍状态的你，头脑不如平时那么清醒，拿出纸上的应急预案来提醒自己分散注意力，比较容易让心情恢复平静。长期坚持这项训练，再配合前面提到的转换视角看问题等方法，就能减少情绪反刍行为，保持较好的心理状态。

关于情绪的小知识

为了更好地分散注意力，你可以在笔记本上写下“我的娱乐活动清单”，然后列出至少20项令你觉得愉快的活动。这些娱乐活动短则需要几分钟，长则要几个小时甚至几天来准备实施。但是，这些活动一定要让你感到放松、开心、舒畅。即使是需求他人参与的活动，也一定要把你自己的需求和偏好放在第一位。假如娱乐活动变成了让你迎合他人喜好的任务，就无法起到分散注意力的效果，反而会增加你新的情绪反刍内容。接下来，每天从事娱乐活动清单里的两项娱乐活动项目，坚持下去，一定会让自己的内心更舒坦。

第八章

克服对失败的恐惧，随时做好压力管理

失败是大家最不想见到、却又经常碰面的情绪状态。一辈子不失败是不可能的，但是怎样对待失败反映人不同的情商水平。低情商的人对失败缺乏足够的承受能力，在尝到失败苦果时变得一蹶不振。高情商人士往往能很好地面对失败，不被消极情绪吞没，通过扬长避短来走向胜利。做好压力管理，保持心理健康，失败才会离你更远。

压力太大时，检查目标是否合理

▶ 要点提示

a 目标设定不合理是导致人们压力过大的一个重要原因。

b 当目标设定过多时，我们很可能会一事无成。

c 人们试图通过放弃努力来回避失败时，悲观、无助、被动的感觉会损害心理健康。

人们常犯的一个错误是设定不合理。比如，徒有目标而没有行动方案，不设定开始时间和完成时间，根本无从着手。又如，目标设定过多，却没有足够的时间和精力去完成，最后在一事无成中悔恨交加。失败让我们压力倍增，压力倍增又反过来增加了我们做事的失败率。以下方法能帮你制定合理的目标，减少不必要

> **情绪小词典**
>
> 倦怠（acedia）：
>
> 倦怠，让我们变得无精打采、百无聊赖、烦躁易怒，甚至会突然感到悲凉和绝望。这种情绪更像是一种惰性，令人无法打起精神做事。

的挫败感。

1. 什么是合理的目标

满足“具体”和“现实”两个要素的目标就是合理的目标。比如，“我要去太空遨游”是个既不具体又不现实的目标；“我要去月球上旅游”是个具体的目标，但不现实；“我要减肥”是个现实但不具体的目标；“我要在一年内减重20斤”就是一个既具体又现实的目标。

在描述目标时，要把你的最大动机表达清楚，因为这个动机是你在遇到困难时继续前进的原动力。假如一个具体而现实的目标跟你的动机无关，那么它对别人可能是合理的，对你却毫无意义。

2. 将目标分解为若干个子目标

千里之行，始于足下。任何具备可操作性的目标都能分解为若干个执行步骤，这些执行步骤就是子目标。只要循序渐进地完成每一个子目标，就能实现最终的总目标。你的压力主要来自这个执行过程。如果子目标本身有难度，你就会积攒很多压力，影响身心状态。

为此，我们在分解目标时一定要确保子目标是自己力所能及就能实现的。假如你觉得子目标无法完成，就说明它还可以继续分解，一直分解到你能操作为止。这样做能让你在适度的压力下耐心工作执行子目标，而不会被一下子压垮。

3. 给目标和子目标设定期限

先给总目标设定开始日期和完成日期，明确需要花费的时间。然后再给每一个子目标设定起止时间。此处的要点是设定的期限要适中，期限太短会让你压力过大，而期限太长则会让你变得懒散。具体时长以使你保持兴趣、动力和精力为准。

4. 罗列可能出现的阻碍

通常而言，没有哪个计划是从头到尾都一成不变的。在执行计划的过程中，难免有意料之外的变数等着我们。那些时刻焦虑不安的人害怕的就是这种不确定在何时发生的未知阻碍。完全消除所有的不确定因素是不可能完成的任务，但你可以找出可能出现的阻碍，分析自己遇到这种阻碍的概率。把各种可能性考虑得越充分，你的心理准备也就越充分，真遇到问题时也不至于惊慌失措。

5. 列出克服阻碍的预案

你在清单中列出的阻碍可能会让你走不少弯路，因迟迟未能成功而背负更多的压力。唯有事先准备对策，做好相应的预案，才能心里有数。不过，你必须确认自己列出的预案确实能有效解决问题，否则你在真碰上困难时会体验到更多的挫败感，情绪会更加低落。

关于情绪的小知识

医学专家指出，免疫系统内部存在着一种“自然杀伤细胞”。自然杀伤细胞是一种与病毒、癌细胞为敌的白细胞，时刻准备着消灭非正常的细胞以及受到感染的正常细胞。如果一个人的抗压能力非常出色的话，那么他体内的自然杀伤细胞也具有很强的活性。而抗压能力越差的人，其体内的自然杀伤细胞的活性越低。在实验中，自然杀伤细胞的最佳活性和最差活性的差值可以达到三倍。

拥抱不确定性，学会与焦虑和平共处

要点提示

a 不确定性会令人为潜在的失败感到焦虑。

b 幽默可帮助克服因失败引起的耻辱感和无助感。

c 不要过度在意绩效压力。

有些人无论能力多强，都对失败感到极度恐惧。他们会在心里反复测算各种可能性，企图排除所有不确定性因素，把成功完全纳入自己掌控之中。在一般人眼中，他们思虑周密、部署周全，几乎称得上是万无一失，已经接近完美。然而，他们并不会因此变得气定神闲，即使是十拿九稳的事，也会为那一丝丝的变数而焦虑不已。说到底，主要是害怕自己承担失败的罪责。

情绪小词典

忧郁（melancholy）：

忧郁的核心感受是失落，它是一种带有自怨自艾、遗憾、难堪等细腻心思的情绪。忧郁的人会莫名其妙地感到悲伤与恐惧，不想与他人来往。

这些人最终可能会赢得很漂亮，但必然会比他人消耗更多的能量，严重影响身心健康。从这个意义上看，他们还是输给了自己的情绪。

我们应该明白一个现实——没有任何一个成功是完全按照原计划实现的。不管原计划多么尽善尽美，也只是根据一时的主客观条件制订的。然而人与环境始终在变化，原计划在执行过程中势必要加入很多新的考虑因素，做出相应的调整。

想要精准掌控事情进展的每个环节，是根本不可能的。越是重要的计划，越要留出足够的弹性，来减少变数造成的不良影响。过于害怕变数而形成的焦虑，以及因焦虑而产生的用力过猛现象，都是我们应该避免的情况。

其实，你没必要把太多绩效压力扛在肩头，也不必过分恐惧不确定性因素。你越强烈地希望自己远离失败，不敢面对和承认它，就越紧张不安，可能在不知不觉中被焦虑情绪吞没了信心和理智。

我们可以向亲友讲述自己的恐惧和焦虑，也可以把脑中想到的不确定性因素写入备忘录。注意，我们必须用乐观的态度来评估这些不确定性因素，并且写下鼓励和安抚自己情绪的话。通过这种方式，我们坦然承认了对失败的畏惧，但也树立了承担失败责任的勇气。有了这股勇气，我们就会感到失败可能没有想象的那么可怕，焦虑程度就会有所缓解。

假如失败真的来临，不要慌不要乱，要从失败中看出幽默，苦中作乐。失败不可怕，可怕的是自己给自己施压。大家应该学习一下喜剧演员，把痛苦的经历用喜剧的方式讲出来，自嘲地一笑，给自己减压。卸下心理负担，减少不必要的焦虑，工作才做得顺，生活也更愉快。

关于情绪的小知识

德国哲学家马丁·海格德尔认为，恐惧和焦虑是经常被混淆的“同类现象”。如果令人恐惧的事物是明确的、真实的存在物，那么它就是可怕的。相比起来，令人焦虑的事情完全是不明确的。焦虑者不知道自己为什么事情而焦虑，因为威胁是莫名其妙的，也说不清来源于哪里。人们不会为已经发生的事情焦虑，也不会为即将发生的事情焦虑，只会为可能发生的事情焦虑。焦虑的根源在于我们意识到自己有选择成为什么样的人和可以怎样生活的自由。

获取情感支持，总结失败的经验教训

要点提示

a 在没有走出失败阴影之前，我们往往比较反感别人给的建议。

b 将寻求情感支持与总结经验教训相结合，情绪调节才能实现最佳效果。

c 通常，寻求我们可以从失败中获得六种经验教训。

情绪小词典

恐慌（panic）：

恐慌，这个英文单词源于希腊神话中的牧神潘（pan），用于表示一种没来由的恐惧感。恐慌是一种会传染的情绪，在群体中会像病毒一样迅速蔓延，诱使人们做出非理性行为。

要想克服对失败的恐惧，最好的办法是总结失败的经验教训。道理明白如画，执行起来却阻碍重重。在我们尚未走出失败的阴影之前，只想听到安慰之词、鼓励之语。如果有人真的指出我们的不足并提供合理化建议，我们往往不会坦然接受，反而觉得这人真讨厌。不过，如果我们只听安慰的话，过不了多久也会感到失落。因为别人的关怀会让我们觉得自己确实存在能力上的不足和性格上的缺陷，挫败感令触底反弹。

为了实现最佳的情绪调节效果，我们应该把情感支持和总结经验教训融为一体。只总结经验教训而不好好处理心情，消极情绪不会被理智自动消除。只谋求情感支持而不总结经验教训，也是自欺欺人的低情商行为。

在寻求社交情感支持的同时，我们可以对照一下，确认本次失败属于以下哪种类型。

1. 增长经验值的失败

你不知道什么方法能通向成功，于是尝试了多种方法，结果都没能达成目标。这样的失败固然让人气馁，但它同时也在帮你减少错误的选项，增长你的经验值。

2. 隐藏新机遇的失败

有些失败令人痛苦，但说不定是好事。比如，你因为遵守传统经验而失败，被迫闯出一条新路子，结果反而成了新时代的领跑者。

3. 锻炼能力的失败

你一次又一次挑战目标。虽然最终铩羽而归，但越来越接近成功，连竞争对手都认为你的实力有了长足的进步。这样的失败不该用哭丧的脸去面对，应该为自己感到骄傲。

4. 包含成功因素的失败

有些失败换一个角度来看也是一种成功。比如，那些在奥运会预赛中被淘汰的运动健儿，对于奥运奖牌获得者来说虽然是失败者，但在广大运动员中却是为数不多的佼佼者。

5. 让成功更有意义的失败

这种失败是通向成功的铺路砖。它会让人一次又一次品尝痛苦，但只要坚持到成功那天，你就会收获更多的成就感、自豪感和喜悦。因为这场胜利来之不易，对你更加意义非凡。

6. 不影响成就感的失败

通过努力来接近目标的过程，本身就能给我们带来不少兴奋、自豪和满足感。在这个过程中，只要不是代价惨痛的失败，就不会影响你获得这些积极情绪。你在失败的瞬间会痛一下，但没必要太放在心上，继续享受努力进步的过程吧。

关于情绪的小知识

当你持续思考那些令人难过的事情时，就会感到痛苦万分。如果不能走出曾经的不幸情绪，就无法集中精力创造未来。每个人都应该明白，犯错误是人生重要的组成部分。当你为失败感到自责时，可曾从中真正吸取教训？如果你觉得自己没有学到任何东西，只是在一味地自责，内心就会慢慢滋生憎恨。寻求专业人士和亲友的帮助，把某次犯的错误视为下一次胜利的必要准备。只要总结完经验教训，就马上宽宥自己。

只专注于我们能控制的事情

▶ 要点提示

a 人们常常认为失败是命中注定的，从而盲目相信自己无力掌控任何事情。

b 假如专注于我们能控制的事情，就能避免自尊心被挫败感击垮，从而更好地保持做事的动力。

c 改善目标管理方法，一次专注于一个目标。

人们害怕失败，更怕面对失败，于是要么事前放弃努力，要么事后拼命找借口推卸自己的责任。最常见的借口就是“成事在天”。言下之意，自己已经够努力了，只是命中注定必然失败。这个借口更多时候只是一种托词。因为大多数人不善于进行目

情绪小词典

怜悯（pity）：

怜悯与同情心密切相关，它可以把人们从责任感的压力中解救出来，也可以免除我们因对他人的悲惨遭遇感同身受而带来的痛苦感。

标管理，总是一次追逐过多目标，做超出能力范围的事，结果自然是“注定一事无成”。

其实，一开始就不要贪大求全，只专注于自己能控制的事，这样我们做事的成功率会大大提升，而品尝挫败感的概率也会明显减小。以下是高情商人士反思总结失败教训的常见方法，可以帮助你找出导致失败的因素，学会专注于可控因素。

1. 描述你的失败

在一张纸或者文档上写下你最近遭遇的一次失败。注意，这次失败必须是单一的事件，而非一连串事件的组合。假如这次失败是你每隔一段时间都会重复做的事情，也请只写最近这一次的事件，不要将其与前几次事件混杂在一起。

2. 列出导致失败的因素

把你认为导致失败结果的因素全部列出来。无论是主观因素还是客观因素，只要你觉得有影响的就写上，不要漏掉任何一个。

3. 甄别可控因素与不可控因素

对你上一步骤中罗列的因素进行全面而仔细的甄别，确认哪些因素在你的掌控范围之内，哪些因素是你无法掌控的。

4. 查看不可控因素能否用可控因素替换

思考你列出的所有不可控因素，好好考虑一下，看其能否用可控因素来代替。比如，上班高峰期的交通堵塞是你控制不了的因素，即在高峰期到来之前就出发是你可控制的因素。通过置换的方法来减少行动中的不可控因素。

5. 重做可以控制的目标计划

完成前四个步骤后，重新制订一个目标计划，把你认为所有可以控制的因素一一列出来。接下来，针对每一个可控因素来寻找解决办法，或者根据实际情况来调整计划中不合理的地方。当你为所有的可控因素制定出合理、可行的操作方案时，完成目标计划的成功率就会明显增加。

以上总结失败教训的方法的精髓就是选择我们能控制的因素，并只关注这些因素。把有限的时间、精力、智力、资源、经费都用在可控因素上，不要去理会那些你控制不了的因素。这会替你节省很多能量。当你遭遇失败时，赶紧使用这种方法，重新审视自己的目标计划是否合理，然后改进它。由于专注处理可控因素，你将会感受到越来越多的希望，减轻压力带来的心理负担，恢复自信与自尊。

关于情绪的小知识

我们可以学会不被焦虑左右心情。不要担忧或退缩，否则只会让我们的焦虑变得更重。我们应该主动回避消极的想法，参加令人愉快的活动，做一些有建设性的事情，而不要苛求自己去做超出能力范围的事情。最重要的是我们要远离让自己感到忧虑的东西，把注意力集中在积极的事情上。这并不是要我们逃避问题，而是帮助我们进入一种可以更加清醒地处理问题的心理状态。

第九章

取悦他人绝非高情商，当心精神负担积重难返

人们对情商有一个常见的认识误区，以为高情商就是能讨所有人欢心，从而在修炼情商的过程中染上“取悦症”。取悦症患者总是苛求自己做事更成熟一点，小心翼翼地处理人际关系，尽可能地让所有人都喜欢自己。他们总是尽可能地满足并讨好他人，却未必能得到对方的认可。显然，通过一味地取悦他人来证明自己情商很高的做法，只会让人背上沉重的情感包袱。

取悦症：牺牲自己来讨好他人

▶ 要点提示

a 什么是“取悦症”。

b 取悦于人是一种强迫成瘾的行为模式。

c 束缚取悦者心灵的10条不合理的道德戒律。

世界上有这样一种人，他们温柔善良，乐于助人，富有奉献精神，但长期处于紧张状态，明明内心感到痛苦，依然强迫自己把满足别人的需要放在第一位。他们是众生眼中不懂得拒绝的老好人，也是“取悦症”患者。所谓取悦症，顾名思义，指的是把取悦他人作为最高行为准则，不惜牺牲自己来让他人满意的思想和行为。有些人误以为这是一种充满爱心的情商高的表现，但事实并非如此。我们先来做个小测试，再分析一下为什么取悦症跟高情商背道而驰。

1. 你有取悦他人的“好人情结”吗?

如果选项符合你的实际情况，请在（ ）里打“√”，每一项计1分；如果不符合就打“×”，计0分。统计一下你有多少个“√”，并算出总分。

（ ）	1. 我希望周围的每一个人都能喜欢我，这对我非常重要
（ ）	2. 我认为发生冲突是百害而无一利的事情
（ ）	3. 我应该把自己喜欢的人始终摆在第一位，自己的需求则放到第二位
（ ）	4. 我希望自己能尽可能地避开所有的冲突和对抗
（ ）	5. 我常为别人付出太多，甚至听任差遣，就是为了能让他们不以其他原因拒绝我
（ ）	6. 我很需要别人的认可
（ ）	7. 对我而言，接受自己的消极情感，比表达对别人的消极情感容易多了
（ ）	8. 我相信，如果我为他人所做的一切能让他们需要我，我就不会被大家孤立
（ ）	9. 我痴迷于帮助他人，讨他人欢心
（ ）	10. 我极力避免与家人、朋友、同事发生冲突
（ ）	11. 在我为自己做打算前，多半会尽可能地先让其他人满意
（ ）	12. 我几乎从不会为了保护自己而与他人对抗，因为我十分害怕激怒他人
（ ）	13. 如果我不把别人的需要放在首位，就会变成一个自私自利的人，被大家讨厌
（ ）	14. 无论与谁正面冲突，我都会感到十分焦虑，甚至会生病

（续表）

（ ）	15. 即使是建设性的批评意见，我也很难说出口，因为我不想让任何人生我的气
（ ）	16. 我必须始终让别人感到开心，哪怕因此忽略自己的感受
（ ）	17. 为了让自己能被别人喜欢，我必须随时付出我的全部
（ ）	18. 我相信好人能赢得别人的认可、喜爱和善意
（ ）	19. 我必须满足别人对我的所有期待，绝不能让他们失望。即使我明白他们有些要求是过分的、无理的，也改变不了这一点
（ ）	20. 我有时候觉得自己为别人做了那么多好事，就是为了讨好他们，换取他们的友好态度
（ ）	21. 任何可能会令人生气的言行，我都会感到焦虑不安
（ ）	22. 我很少把工作派给别人
（ ）	23. 当我拒绝别人的请求或需求时，会感到内疚
（ ）	24. 若是我没有做到随时付出所有，就会觉得自己像个坏人

测试结果解析

得分在0~4分：

你的“好人情结”很少，甚至完全没有。不过，你还是要警惕一下取悦症。因为它具有自我强化的特点，会迅速控制你的心灵。为了预防这个局面，你有必要事先了解一下取悦症的知识。

得分在5~9分：

你的好人情结不算很严重，

情绪小词典

遗憾（regret）：

遗憾，这种情绪总是令人缅怀过去，陷入内疚和悔恨中不可自拔。它产生于未完成的心愿，是一种私密的情感体验。

对自我亏待倾向具备了一定的抵抗力。但是，你还是有取悦他人的习惯。这可能会对你的健康和幸福带来威胁。你有必要强化一下意志力，争取完全摆脱它。

得分在10~15分：

你的好人情结比较严重，对取悦他人习以为常。为了避免取悦症进一步恶化，你要专注于改变取悦他人的恶习。

得分在16~24分：

你的好人情结根深蒂固，取悦症极为严重，并且正在严重损害你的身心健康和人际关系。你必须立即行动，努力克服这个顽疾，重新掌控自己的生活。

2. 10条不合理的道德戒律

取悦症患者的好人情结不是出于单纯的善良本性，而是把以下这10条不合理的道德戒律化为自己的行为规范。这10条戒律具体如下：

（1）我应该满足别人对我的要求或期待。

（2）我应该照顾身边的每一个人，无论他们是否主动向我求助。

（3）我应该倾听每一个人的倾诉，并竭尽全力地帮他们解决问题。

（4）我应该一直做个老好人，永远不要做出伤害别人感情的事。

（5）我应该先人后己。

（6）我应该永远不说“不”，无论是谁向我提出什么样的请求或要求。

（7）我应该永远不让任何人失望，无论采取什么手段。

（8）我应该始终保持阳光乐观的心态，永远不要在别人面前流露出任何消极的情绪。

（9）我应该努力让大家都满意和高兴。

（10）我应该永远不用自己的问题麻烦别人。

显然，这10条道德戒律已经在强迫人们超凡入圣。为了恪守这些戒律，取悦症患者时时刻刻都会自我施压，督促自己不要违背信念。但是，并非每个人都有足够出色的实力和强大的意志力来完成这些目标。由于持续的自我施压，取悦症患者始终处于高度紧张的状态，违背了一张一弛之道。

古人在不射箭时都会把弓弦取下来，避免弓弦因长时间绷紧而提前丧失弹力。人的精神也是如此，不可一直维持紧张状态，因此该放松时就要放松。遗憾的是，取悦症患者已经把这些不合理的道德戒律奉为圭臬，宁可饱受压力之苦，也不肯让自己“懈怠一下”。

3. 取悦症≠高情商

在大多数人眼中，高情商就是会做人，懂得怎样满足别人的需求，讨对方欢心。从表面上来看，取悦症患者也可以做到这一点，但并不会有人认为他们是做人八面玲珑的高情商人士，更多的只是将其视为滥好人而已。

究其原因，高情商人士与人方便时，只是为了改善人际关系和推动事情进展。取悦症患者则不同，其核心动机是通过取悦他人来换取认可。高情商人士并不会为博取他人认可而活着，他们首先会爱护自己，然后才会满足他人。取悦症患者则刚好相反，他们为了满足他人而不惜代价，甚至毫不吝惜地牺牲自己，对自己缺乏足够的关爱。

最终，高情商人士能保持健康的心态，在适度的压力下游刃有余地生活。取悦症患者则会因过度损耗自己而变得疲惫不堪，失去了爱和自尊，情绪越来越坏，心态趋于失衡，最终反而更容易遭到突然的抛弃和拒绝。

关于情绪的小知识

取悦他人的心态存在逻辑上的缺陷和错误。它不但是错误的，还是有害且危险的。因为它会导致沮丧、焦虑、自责和内疚等消极情感，让你陷入适得其反的紧张循环中难以自拔。让自己坚持这样的道德标准，无异于自我强加的情感虐待。在生活的不同领域给自己设定高标准，这原本没有什么不对的地方。然而，追求完美会令人沮丧，并且注定会失败。相反，追求卓越会给人以激励，因为这个目标是可以实现的。

疲于奔命的你是哪一种滥好人

要点提示

a 认知型滥好人的思想行为特征及症结所在。

b 习惯型滥好人的思想行为特征及症结所在。

c 情感逃避型滥好人的思想行为特征及症结所在。

取悦症患者在生活中往往是一副滥好人的形象，但取悦症患者也分好几种情况。有的人是被取悦他人的思维左右，有的人是受制于取悦于人的习惯，有的人则是被取悦于人的感受绑架。根据这些区别，我们可以把取悦症患者分为认知型滥好人、习惯型滥好人、情感逃避型滥好人三种类型。假如你是取悦症患者，确定一下自己属于哪一种滥好人是非常必要的，那样才能找出你的心理症结，进行针对性的调适。

1. 解读三种滥好人

每一种滥好人都会存在不同程度的心理问题，他们取悦于人的动机是不一样的。我们接下来将逐个解读各种滥好人的心声。

（1）认知型滥好人

认知型滥好人有个不可动摇的思维定式——需要且必须争取让每一个人都喜欢自己。大家都知道这是不可能完成的任务，但他们对此深信不疑，并坚持认为别人的需求必须高于自己的需求。认知型滥好人的自尊心和自信心的强弱，取决于自己为别人做了多少事。他们相信，这样可以使自己免遭他人的拒绝或苛刻的对待。于是，他们以严苛的自律标准来强迫自己成为完美的人。一旦有什么地方没做好，就会严厉地责备自己。

（2）习惯型滥好人

习惯型滥好人在认识上跟认知型滥好人不同，但作风比较软弱，总是被迫牺牲自己的需求来优先照顾他人的需求。他们被别人拜托了太多事，几乎从来不会拒绝，只能勉强应付着本不该由自己负责处理的问题。他们不仅在亏待自己，还被关系亲密者牢牢地控制，陷入情感勒索的牢笼。尽管习惯型滥好人疲于奔命，却依然没勇气说一个“不”字，只是默默地承受着。

（3）情感逃避型滥好人

情感逃避型滥好人看起来是最没脾气的人。因为他们在极力逃避令人不安的消极情感，不想跟任何人产生冲突。一旦察觉到空气中弥漫着火药味，情感逃避型滥好人就会感到万分焦虑。他们的取悦症是一种逃避消极情感的自我保护策略。但事实上，由于不敢直面愤怒和冲突，情感逃避型滥好人普遍不知道如何使用恰当的方式处理矛盾。

每一个取悦症患者都包含了这三种滥好人的特点，只是以其中某一型为主，另外两型为次。几乎所有的取悦症患者都存在“消极情感恐惧症”，只是程度不同罢了。

2. 你有“消极情感恐惧症”吗?

如果选项符合你的实际情况，请在（ ）里打“√”，每一项计1分；如果不符合就打“×”，计0分。统计一下你有多少个“√”，并算出总得分。

（ ）	1. 我相信冲突是毫无益处的
（ ）	2. 当我怀疑某个我在乎的人可能对我生气了时，我会变得极度不安
（ ）	3. 我几乎会全力以赴地回避对抗
（ ）	4. 我几乎从来不对商店或饭店中招呼我的人抱怨或表示我的不满，尽管他们为我提供的服务、商品或食物很糟糕
（ ）	5. 我觉得，如果我周围的人变得激动、愤怒或好斗了，我有责任让他们冷静下来
（ ）	6. 我认为自己不应该对我所爱的人生气或起冲突
（ ）	7. 当我感到生气或伤心时，我更有可能会嘟嘴、生闷气，而不会直接公开表达自己的情感
（ ）	8. 我认为冲突几乎永远是人际关系中出现严重问题的标志
（ ）	9. 我很容易被别人展现出来的愤怒或敌意吓住
（ ）	10. 当我心烦时，常会出现头痛、背痛、胃痛、皮疹等与紧张有关的不良症状

（续表）

（ ）	11. 当我跟别人发生争执时，我倾向于给对方道歉，只为结束争吵或平息怒火，不管那是不是我的错
（ ）	12. 我相信，如果愤怒和冲突在个人关系中表现出来，结果多半会很糟糕
（ ）	13. 如果有人因为某个问题怪罪我，就算我真的没错，也可能会马上道歉，避免出现进一步的争论，以免让自己生气或造成更严重的对抗
（ ）	14. 我认为，表达消极的情感很可能会引发争吵或冲突，不如用微笑来掩饰
（ ）	15. 我在生活中几乎会极力避免跟任何人发生愤怒的对抗
（ ）	16. 我相信，如果有人生我的气了，一般都是我的错
（ ）	17. 我认为，要是我从来不会感到愤怒，就会变成一个更理想的人
（ ）	18. 我会被自己的愤怒吓到
（ ）	19. 彼此在乎的人之间的大多数问题都是靠时间解决的，最好不要去争论
（ ）	20. 我几乎从来不反对或质疑别人的意见，生怕那会引发某种冲突

测试结果解析

得分在0~5分：

你在表达消极情感方面没有太大的困难。不过，如果你有取悦症，就可能会低估愤怒和冲突让你感到不适的程度。因为你已经养成了尽可能避免冲突的习惯，以至于不知道愤怒等消极

情绪小词典

如释重负（relief）：

如释重负的感觉主要出现在人们说出心中的秘密或者忏悔从前的过失的时候。当自己的感受被他人理解和尊重时，就会感到如释重负。

情绪实际上很难处理。可以肯定的是，如果你继续以取悦于人的方式来逃避愤怒和冲突，就会感到越来越不舒服，让问题变得严重。

得分在6~14分：

你对愤怒的恐惧和逃避冲突的习惯，正在助长你的取悦症。由于你一直在抑制愤怒，所以身心健康存在一定的隐患。而且这可能会妨碍你已经建立或正在建立的亲密关系。

得分在15~20分：

你显然患有消极情感恐惧症，对愤怒、冲突和对抗有着强烈的非理性的恐惧。你始终在逃避冲突，压抑愤怒，这很可能已经严重损害你的人际关系和身心健康。

3. 舍弃非理性的“应该”观念

滥好人的脑子里装有很多根深蒂固的错误认识，如以下7种认为“他人应该如何如何”的观念。这正是恐惧症产生的根源。

（1）他人应该感激我，因为我为他们付出了太多。

（2）他人应该永远认可我、喜欢我，因为我一直在挖空心思去讨他们欢心。

（3）他人应该永远不拒绝我和批评我，因为我一直在努力满足他们的心愿和期望。

（4）他人应该关心我、善待我，因为我一直对他们很好。

（5）他人应该永远不亏待我或伤害我，因为我一直善待他们。

（6）他人应该永远不抛弃我，因为我努力地让他们离不开我。

（7）他人应该永远不生我的气，因为我一直极力避免跟他们发生争执、冲突或对抗。

作为取悦症患者，他们并不是在无怨无悔地付出，而是心里想着对等交换。在他们看来，我对别人好，所以别人同样要对我好。然而，这只是取悦症患者心中的美好幻想，脱离了残酷的现实。人们并不会因为你对他们好，就一定觉得欠了你的人情，而要滴水之恩当涌泉相报。而大多数人只是理所当然地接受你的取悦，利用你的取悦心理，不愿意为你做什么。因此，如果想提高自己的情商，就要舍弃这些非理性的“应该”。

关于情绪的小知识

害怕伤害他人的情感，或者害怕激起愤怒或反对，正是这种恐惧心理驱动着你的取悦习惯，使你认为别人肯定会做出愤怒的、情绪化的或者攻击性的反应。这种扭曲失真、言过其实的预期，是你不敢说“不”的一个主要原因，使你不敢捍卫自己的权利，不敢照顾自己的需求，不敢采取其他果断、健康的行动。因为逃避大多数冲突的你几乎从来没有机会验证自己的预期是否准确，也没有机会掌握应对消极情感的恰当方法。心理学家把思想与情感之间的这种错误联系称为“情绪化推理”。

高情商不等于要满足所有人的期待

▶ 要点提示

a 取悦症患者固执地要做“好人”，甚至不承认自己对别人有消极的想法或情绪。

b 在取悦症患者眼中，讨人喜欢就是“好人”的标志，也是情商高的表现。

c 我们不可能满足所有人的期待，高情商人士对此心知肚明。

高情商人士善于处理人际关系，总能讨他人欢心，有很好的人缘。这也是取悦症患者努力的方向。他们努力向所有人展示自己的古道热肠，以求被大家评价为“好人”。然而，取悦症患者忽略了两个事实：一个是高情商人士并不会去满足所有人的期待，而是选择性地表达体贴、关怀；另一个是认为你是“好人”的人，未必不会拒绝、鄙视、厌恶甚至伤害你。

遗憾的是，取悦症患者对此浑然不觉，致力于完成“好人有好报”的剧本。那么，一味地讨好别人就能换得真心和认可吗？并不会。到头来，没人认为这类人情商高，只是当他们好欺负。

1. 你对他人的认可感到上瘾吗?

如果选项符合你的实际情况，请在（ ）里打“√”，每一项计1分；如果不符合就打“×”，计0分。统计一下你有多少个“√”，并算出总得分。

（ ）	1. 如果有人反对我，我会觉得自己不值得大家喜欢
（ ）	2. 生活中几乎让所有人都喜欢我，这一点对我极其重要
（ ）	3. 我总是需要得到别人的认可
（ ）	4. 当有人提出批评时，我一般会感到很不安
（ ）	5. 我相信自己比大部分人更需要别人的认可
（ ）	6. 为了真正让自己感到有存在的价值，我需要别人的认可
（ ）	7. 我的自尊心的强弱似乎取决于别人对我的看法
（ ）	8. 当听闻有人讨厌我时，我会心烦意乱
（ ）	9. 别人对我的情感有很大的影响
（ ）	10. 我希望自己能受所有人欢迎
（ ）	11. 为了让自己感到幸福，我很需要别人的认可
（ ）	12. 如果我必须在获得认可和赢得尊重之间二选一，那我只好选择前者
（ ）	13. 在做出重大决定前，我似乎需要得到每一个人的认可
（ ）	14. 对我而言，别人的认可和赞美是很强的动力
（ ）	15. 在我生活的各个方面，我总是十分在意别人对我的评价
（ ）	16. 面对批评，我会百般辩解
（ ）	17. 我需要让每个人都喜欢我，尽管我并不是真的喜欢对方

（续表）

（ ）	18. 我会绞尽脑汁地让那些对我很重要的人不反对我
（ ）	19. 只要团队中有一个人批评或否定我，就算其他人都称赞我，我依然感到不安
（ ）	20. 只有别人认可我时，我才会感到被爱

测试结果解析

得分在0~4分：

你的认可需求非常低，简直不像一个取悦症患者。请从头认真检查一下自己的答案，确保你的每一个选择都是坦诚而谨慎的回答。不要刻意回避真实的自己。

得分在5~9分：

你的认可需求还算适量，至少目前还没有成瘾。即使如此，你依然比较在意别人的看法，渴望获得更多认可。这种心态容易让你的取悦症加剧，因此你应该对此保持足够的警惕。

情绪小词典

懊悔（remorse）：

懊悔是一种急促而猛烈的情绪，不像羞愧只是进行自我否定，而是希望以实际行动来弥补过失的强烈情绪。它并不会让人号啕大哭，更多的是一种比较理性的态度，而非一时冲动。

得分在10~14分：

你也许尚未对认可上瘾，但你确实过于在乎别人对你的看法。你对认可的渴望很容易发展成瘾。应该重视这一点，它对你的取悦症有很大的影响。

得分在15~20分：

你在获得认可和避免反对方面上瘾了。因为你认为自己需要每一个人的认可，所以你的渴求可能从未被真正满足过。认可上瘾是取悦症的主要症结，你需要马上努力改变它。

2. 学会不当“好人”

取悦症患者跟高情商人士真正的差距在于，后者发自内心地认可自己，而前者依赖他人的认可。假如他人没有予以预期的认可，取悦症患者的自尊心就会受伤，不断积压负能量。其实，你最需要的不是别人的认可，而是对自己的认可。充分的自我认同让高情商人士内心充满力量，更好地处理人际关系。而取悦症患者只是在机械地做个“好人”，对自己亏欠了太多。

想要提高情商，就必须放弃做“好人”，这是两种背道而驰的东西。为此，我们要想学会不当“好人”，就要树立几个新观念：

◆如果有人对你不友好，不要试图通过讨好来换取认同，那只会纵容他们。以直报怨才是更好的选择。

◆做“好人”并不会让你避免被他人伤害。不要幻想自己能通过讨人喜欢来重塑自尊，而要学会真心地肯定自己。

◆如果当“好人”会损害你作为独立个体的价值、需求或身份认同，那么这个“好人”不当也没关系，也没有人会因此鄙视你。

关于情绪的小知识

我们在小时候，即从脆弱的自我走向成熟的过程中，几乎都经历过一些痛苦的时刻，都曾被有意或无意地冷落、侮辱或排斥等伤害过。如果你的儿时经历中拒绝是最突出的主题，那么它们的伤害就很可能会在你的性格上留下印记，表现为长大后你对他人的接受和认可的极度敏感和极度需要。有很多形式的排斥都能加剧你对认可的需要。尽管我们都在某个时候经受过某种程度的拒绝，但不同的是，认可成瘾者的伤口仍然没有愈合。

勇敢说“不”，学会恰到好处地拒绝

要点提示

a 取悦症患者很难对别人说“不”，以至于总是背上过多的责任。

b 高情商人士总是会坚持自己的底线，以恰当的方式来拒绝他人的不合理要求。

c 假如对方施压并坚持要你满足他们的需求，你要坚定地重复拒绝意见。

取悦症患者偏执地相信，只要自己多帮别人做一件事，自尊就会增加一分。一旦自己拒绝了对方的要求，就会被排斥。这种念头让他们逐渐丧失了表达拒绝的能力。明明已经感到不堪重负，却还是不敢说“不”。取悦症患者每次只要说了“不”字，就会感到内疚和焦虑。在两种痛苦之中，他们宁可选择累着自己，也不想为拒绝他人而内疚。长此以往，身心健康自然得不到保障。重拾表达拒绝的勇气，是每一位取悦症患者的必修课，也是提高情商的一个关键。

1. 你平时敢说“不”吗?

如果选项符合你的实际情况，请在（ ）里打“√”，每一项计1分；如果不符合就打“×”，计0分。统计一下你有多少个“√”，并算出总得分。

（ ）	1. 在把所有必做之事完成之前，我真的没法花时间去放松
（ ）	2. 我很难拒绝朋友、家人和同事的请求
（ ）	3. 我的身份认同取决于我为别人做了什么
（ ）	4. 我很少对需要我帮忙的人说“不”
（ ）	5. 我几乎从来没有真正对自己的工作成绩感到满足
（ ）	6. 我常因照顾他人而累得筋疲力尽，以至于根本没有时间或精力去享受生活
（ ）	7. 如果我花时间去放松，或者只是做令我愉快的事，就会觉得自己在虚度光阴
（ ）	8. 我相信，假如我不再像现在这样替人办事，以后谁也不会真正拿我当回事
（ ）	9. 我几乎从不要求别人为我做什么事
（ ）	10. 当我本想拒绝别人的请求时，结果说出来的话往往是“好的”

测试结果解析

得分在0~3分：

你已经意识到了自己存在的问题，也能根据情况拒绝别人的不合理要求。要坚持这个优点，在确保自身需求的前提下再考虑他人的需求，保持生活的平衡。

得分在4~6分：

你需要警惕一点，不要让自己陷入滥好人的怪圈。学会有选择地接受他人的请求，该说“不”的时候也不要含糊。

得分在7~10分：

你几乎丧失了说“不”的能力，把照顾别人看得比照顾自己更重要，总是来者不拒。

情绪小词典

悲伤（sadness）：

悲伤的英文单词最早源于古英语中的saed（心满意足），并且由于拉丁语satis的影响，这个词又包含了厌倦某事的意思。悲伤是一种融合了厌倦、沉默、冷淡和容忍的情感。

2. 恰到好处的拒绝技巧

不好意思拒绝他人的人，最苦恼的就是该如何在不伤害对方的情况下说“不”。他们觉得对方肯定会失望、生气，而自己给出的答复会被对方视为狡辩。由于找不到恰到好处的拒绝方式，他们只好放弃拒绝，强迫自己接受别人的任何请求。为了改变这种局面，可以运用以下技巧。

（1）把拒绝意见夹在两层好话中间

一上来就拒绝他人确实比较生硬。不妨用一句好话开头，比如“你能请我帮忙，我感到非常荣幸”。然后再说“可惜很抱歉，我这次真的爱莫能助……”，明确地表示拒绝。最后再补充一句“以后有我力所能及的地方，我一定会帮忙，希望你理解”。把拒绝意见夹在两层好话之间，就会显得不那么突兀了。

（2）顶住对方的压力

在说完这些拒绝的话之后，通情达理的人一般不会再强求取悦症患者了。但有些人知道他们耳根子软，就会反复央求或实施道德绑架。在这种情况下，滥好人总是磨不开面子，被别人的话困扰。假如顶不住对方的压力，取悦者不懂得怎样拒绝不合理的要求。

作为取悦症患者，你要做的是表明你已经明白对方的想法，但不要反驳对方，或者帮对方想办法。否则他们还是会利用这点来迫使你让步。只需要尽可能准确地描述对方的感受，然后重复你的拒绝理由。记住，既然你决心拒绝对方，就不要去考虑什么折中方案，必须坚决说“不”，不为对方的任何理由动摇。

关于情绪的小知识

像大多数好人一样，你之所以不敢说“不”，或许也是因为你预料到自己的拒绝可能引起对方消极、愤怒的反应。从这个意义上说，你已经给“不”这个字赋予了太多的力量，以至于你现在都不敢使用它。想要避免精力被消耗到极点，保持对最重要的人说“行”的能力，唯一的办法就是学会令人信服地、有效地说“不”，至少是在某些时候拒绝某些人。事实上，要想治愈你的取悦症，学会说“不”至关重要。只要你允许自己说“不”，哪怕只是在某些时候拒绝某些人，你也已经朝着改善迈出了最重要的一步。

诚实面对内心需求，照顾好自己的情绪

▶ 要点提示

a 取悦症患者总是把别人的需求摆在第一位，而长期忽视自己的需求。

b 取悦症患者优先满足别人的需求是想赢得每一个人的认可，但这不可能实现。

c 取悦症患者很少对自己满意，应该提高自我激励能力，肯定自己的努力。

在取悦症患者心中，别人的需求总是比自己的需求重要。只要他们还有一丝力气，就会把“先人后己”的行为准则贯彻下去。对于别人来说，他们也许是古道热肠的好人。但他们对自己如同一个冷漠的坏人，很少诚实地面对自己内心的需求，只是当它不存在。这样的人怎么可能照顾好自己的情绪呢？不懂得妥善地照顾自己情绪的人，情商自然高不到哪里去。

1. 你把别人摆在第一位吗？

如果选项符合你的实际情况，请在（ ）里打“√”，每一项计1分；如果不符合就打“×”，计0分，统计一下你有多少个“√”，并算出总得分。

（ ）	1. 我非常注意满足别人的需求，哪怕是牺牲我自己的需求或愿望也在所不惜
（ ）	2. 与我所爱之人相比，我的需求永远是次要的
（ ）	3. 为了真正值得别人喜欢，我必须随时付出自己的所有
（ ）	4. 在生活中，我首先关心的是让别人高兴
（ ）	5. 无论在什么情况下，我更多的是替别人考虑，而不怎么考虑个人得失
（ ）	6. 当我令生活中的其他人心烦时，我会认为自己应该为他们做点什么
（ ）	7. 我应该总是满足别人对我的要求或期待
（ ）	8. 我最大的职责就是照顾生活中的其他人
（ ）	9. 我通常会采纳与我关系最亲密的人的意见和建议
（ ）	10. 我在生活中努力遵循这样的信条：给予要多于获取
（ ）	11. 在为自己做任何事情之前，我多半会尽力先让别人满意
（ ）	12. 对我而言，无论以何种方式向他人表达我的请求或需求，都感到难以启齿
（ ）	13. 我相信，想要获得他人的喜爱，必须先让他们高兴
（ ）	14. 我很习惯为别人做事，却不求任何回报，也不会对此有所期待
（ ）	15. 如果我不继续先人后己，就会变成令大家讨厌的自私鬼
（ ）	16. 在人际关系中，我所希望的付出远多于我所期待的回报

（续表）

（ ）	17. 我必须总是让别人高兴，甚至压抑自己的情感或需求
（ ）	18. 我经常感觉别人想从我这里得到的东西太多了，但我总是尽力不让他们失望
（ ）	19. 当我自己的需求与别人的需求冲突时，我总是把自己的需求放在最后
（ ）	20. 如果我没有把别人的需求放在自己的需求前面，我就会感到十分内疚
（ ）	21. 有那么多人对我提要求，这有时候会让我感到不悦，但我从不表达自己的不满
（ ）	22. 我经常认为别人应该理所当然地帮我一下，但现实总是令我失望
（ ）	23. 我的朋友和家人经常来找我帮助他们解决问题
（ ）	24. 因为要满足那么多人的需求，我经常感到紧张、焦虑、疲惫不堪
（ ）	25. 我有时候会担心，对别人表达我的要求时会遭到拒绝、忽视或指责

测试结果解析

得分在0~9分：

你稍微有一点先人后己的思想倾向。尽管你可能并不觉得别人的需求比自己的需求更重要，但习惯性的取悦行为表明你潜意识里还是把别人放在第一位。虽然这样的情况不太多，你依然要注意减少这种倾向，真正树立自

情绪小词典

满意（satisfaction）：

满意的英语单词源于拉丁语satis（足够）和facere（去做某事）的结合，最初是表示尽到了某种职责，后来引申为因为得到了赏识和重用而产生的满足感。

己的需求和别人的需求同样重要的信念。

得分在10~16分：

你是典型的先人后己之人。虽然心里明白“必须把别人放在第一位”的观念可能有弊端，但也觉得这没什么不好。你需要更加警惕这种认识误区带来的副作用。

得分在17~25分：

你的取悦症很严重，先人后己的观念深入骨髓。你甚至眼睛里只看到别人的需求，而一直忽视自己的需求。由于始终在为他人殚精竭虑，你的内心很紧张，事情进展不顺时会充满怨恨和悲愤。由于忽视自己的需求，你很难让自己放松下来，心理创伤无法得到有效修复。只有改变先人后己的观念，才能让你从中解脱出来。

关于情绪的小知识

逃避冲突不是值得夸耀的心理优势。相反，它是人际关系机能失调的症状，会让双方的关系变得冷淡，削弱亲密和信任。在所有的人际关系中，无论是个人关系还是工作关系，冲突都是不可避免的。这并不是说争吵和公开的对抗必然发生，而是说意见、风格和兴趣的分歧迟早会出现。怎样表达这些分歧才能有效地解决冲突，这本质上取决于冲突是建设性的还是破坏性的。通过取悦或者其他方法逃避冲突，这不能消除冲突的存在。要想有效避免冲突，本质上就是尽力学会跟冲突有关的沟通。

第十章

正向思维激活正能量，化消极情绪为进步动力

消极情绪不可能被彻底消灭，而且它们本身也存在一定的积极意义。高情商人士不会用负面思维来对抗消极情绪，避免把内心变成各种情绪厮杀的战场。否则的话，心灵迟早会从充满矛盾、冲突和痛苦的战场变成毫无生机的坟场，最终落得个“哀莫大于心死”的结局。我们应该学会以正向思维来处理各种微小的消极情绪，不让它们因疏于管理而成为消极的负能量。

安慰剂效应：充分利用心理暗示

要点提示

a 了解“安慰剂效应”及其原理。

b 了解“反安慰剂效应”及其原理。

c 高情商人士会利用积极的心理暗示来处理坏消息。

有个成语叫“智子疑邻”，说的是一个人怀疑邻居偷了自己的斧头，感觉对方越看越有“贼样”。后来，当自己找到斧头后，又觉得邻居怎么看都像是好人。这种现象就是人们常说的心理暗示。只要你心中对某人或某事有个既定的主观假设，即使没有确凿证据，你也会越来越倾向于把该假设当成事实。

心理暗示的效果可强可弱，对人的影响可以是积极的，也可以是消极的。心理学界和医学界有个术语叫“安慰剂效应”，与之相对的是“反安慰剂效应”。两者的作用原理殊途同归，依靠的都是心理暗示的力量。

1. 安慰剂效应

安慰剂效应的概念最初是由第二次世界大战中的军医提出的。它的作用原理是“信任”，即患者相信医生的治疗手段确实有效。

> **情绪小词典**
>
> 羞耻（shame）：
>
> 羞耻心产生于我们的行为没达到自己指定的标准的时候。大多数人都有一些叛逆心，不愿意循规蹈矩，但又会对此感到羞耻，想掩饰自己的“过错”。羞耻让人自惭形秽，拼命想要逃离自我和外界的审视。

据医学研究表明，治疗过程中有超过35%的疗效是由安慰剂效应产生的。患者相信自己会被治愈，且进行了积极的自我暗示，这股精神力量提高了他们身体的恢复能力，从而让医生的治疗更加顺利。

由此可知，精神安慰的作用不容小觑。每个人都有内心脆弱的时候，脆弱时容易沉浸在消极的情绪中难以自拔。虽然获得精神安慰未必能直接解决困扰我们的问题，但我们可以从中获得精神力量，重新振作起来，以更加饱满的生命力去战胜困难。

2. 反安慰剂效应

反安慰剂效应的概念最早出现于1961年，这个效应没有安慰剂效应流传得那么广泛。和安慰剂效应是基于“信任”而产生的积极心理作用不同，反安慰剂效应则是基于“信任”而产生的消极心理作用。

医生在一项实验中让哮喘病患者吸进可以减轻其症状的雾化盐水溶液，然后骗他们说这是一种刺激性溶液。不料，几乎所有参与实验的患者都开始感到呼吸困难。接下来，医生让他们再次吸进同样的溶液，然后告之这是对扩张气管有益的药物，结果患者很快又恢复到原来的状态并开始感到呼吸顺畅。

由此可见，心理作用对人们的身心影响很大。假如我们满脑子都是消极想法，坚信某情况糟糕到无可救药，自己就会越来越力不从心。也许你此前没听过“反安慰剂效应”这个词，但很可能每天都在不自觉地使用它。要想提高情商水平，就不能让它剥夺你的自我激励能力。

3. 增加积极的自我暗示

情商的第一层意义是了解自身情绪，高情商人士普遍有自知之明。他们对自己的想法、情绪波动和行为有充分的认识，懂得如何用健康的方式来整理自己的心情，妥善应对日常生活中出现的问题。

尽管他们经常被诸多突发状况扰乱心情，产生悲伤、紧张、恐惧等消极情绪，但不会一直做消极的自我暗示。高情商人士也会抱怨，却不会因此让内心失去平衡。他们通过对自己持续施加积极的自我暗示，把安慰剂效应发挥得淋漓尽致，并把反安慰剂效应隔离出去。两种心理作用此消彼长，负能量最终会被正能量中和掉，心情将有所好转，身心状态也将降至健康水平。

关于情绪的小知识

在第二次世界大战期间，美国军医亨利·比彻发现了一个令人意想不到的现象。当时盟军正在意大利的安齐奥海滩作战，很多士兵受伤，用于给伤员镇痛的吗啡数量奇缺。但比彻医生在给伤病员治疗时察觉，只要在为士兵注射盐水时告诉他们这是吗啡，士兵的疼痛感就能有效缓解。这种心理暗示带来的作用，就是对安慰剂效应的生动写照。亨利·比彻也是第一个使用“安慰剂”这个词语的医生。

良性发泄，重构情绪以恢复心智

要点提示

a 以适当的方法宣泄情绪可以减少愤怒，从而减少情绪的反刍行为。

b 情绪重组是最有效的情绪调节方式之一。

c 情绪重组的关键在于改变对现状的认识，认可事情的意义。

农田需要充足的水分，但如果只灌水而不排水，好田也会变成盐碱地。情绪好比是水，运用得当就能滋润我们的心田。可如果情绪也只灌注而不排出，我们的心田就会退化。因为人的心理承受力再强也是有限度的，消极情绪积累到一定程度，就应该以某种形式宣泄出去。但采用什么手段来宣泄情绪，效果有天壤之别。

有的人为了自己心情舒畅，把消极情绪发泄在别人身上。这无疑是情商低的表现。高情商人

情绪小词典

震惊（shock）：

震惊的英文单词源于法语 choquer，表述的是一种被突如其来的事情瞬间吓得愣怔的心情。

士既不会忽略消极情绪对自己的影响，也不会用这种恶劣的手段解决问题。他们采取的是良性发泄法，即重组情绪法。重组情绪法的基本原理是：通过积极地解释各种事件来改变自己对情绪的认知，化负面压力为正面动力。具体操作方法如下：

1. 寻找积极意图

当你确实遭遇了坏事时，但对方是出于恶意还是好心办了坏事，需要仔细甄别。好心办坏事的人固然令人生气，但他们的出发点是好的。确认了这个积极意图后，你的消极情绪就会有所减轻。哪怕依然愤愤不平，也不至于真把对方当成不共戴天的敌人。多想想对方的积极意图，你就会多一分宽恕，这样情绪重组就有了基础。

2. 发现潜在机遇

当我们得到坏消息时，眼前的损失让人痛心疾首，今后的路将更加难走。意志消沉是难免的，倘若对形势抱着悲观消极的判断，负能量就会不断增加。唯一能让我们振作的办法，就是用“不破不立”的眼光去找到潜在机遇。既然你已经知道了错误之所在，也就明白了下一步的改进方向。把注意力放在把握潜在机遇上，而不是为已经发生的事懊恼。

3. 把握成长机会

利用情绪反刍来好好总结经验教训。深刻认识到那些让你痛苦不堪的薄弱环节，制定避免再犯的办法，确定哪些人可以信任，哪些人不可信任。除了反思自己的缺点外，也要学会肯定自己的长处，不可过分自我贬低，要相信自己能不断进步，变成更优秀的样子。

4. 把冒犯你的人视为需要帮助的人

那些冒犯你的人不一定都是坏人。他们可能只是脆弱、不成熟或状态糟糕而已。说不定他们也讨厌自己情绪失控的样子，希望得到别人的帮助。如果你用消极的态度与之对抗，结果只会令双方关系越来越僵。高情商人士的一大优点是懂得怎样识别对方的主观恶意和单纯的情绪失控，然后查明原因，通过为对方提供帮助来改善关系，这样有助于彻底解决冲突。

通过上述四种方法，我们将对现状产生新的认识，认可已经发生的事情中包含的积极意义。只要你不反复咀嚼消极阴暗的情绪，而是坚持积极地重组情绪，痛苦就会随着时间流逝而逐渐淡化，而由此积累的经验教训将转化为你的新智慧，令你受益一生。

关于情绪的小知识

传统的愤怒宣泄法是让宣泄者攻击一个特制的发泄人偶。但这种情绪宣泄方法是有害的。在一项实验中，愤怒的情绪测试者被分为三组：第一组在想起不高兴的事情时击打沙袋，第二组在想起中性话题时击打沙袋，第三组什么也不做。实验结果表明，第一组测试者在击打沙袋后，攻击性会变强，更想报复让自己不高兴的人。第三组测试者的愤怒程度是最低的，攻击性行为也最少。可见，生气时打人偶或枕头是不良的情绪宣泄方法。

提升快乐指数的三个途径

要点提示

a 欣赏艺术能减少人们心中的痛苦，促进精神创伤的愈合。

b 写作可以帮助我们释放负能量，更深入地了解自己的感受。

c 音乐可以安抚人的心灵，唤醒我们的乐观情绪和奋争精神。

自我心理调节和良性宣泄可以减少人们积累的消极情绪，加快其心灵创伤的复原速度。但光靠这两点还无法从源头改善你的情绪管理能力。假如你依然感到生活得不快乐，负面情绪就会变成除不尽的杂草，一点一点地损耗你的心灵能量。

> **情绪小词典**
>
> 惊讶（surprise）：
>
> 惊讶是人类最短暂也最突然的情感之一，骤然产生后就会转瞬即逝。当人们惊讶时，会出现双眼圆睁、瞳孔放大、眉毛上扬、嘴巴张大等表情特征。

要想成为高情商人士，你不该只满足于做自己情绪的救火员，而要努力提升快乐指数。因为快乐能给人带来安全感和愉悦感，令那些难以调控的消极情绪烟消云散，从源头减少人心中的负能量。实践证明，有三个途径能有效提高人的快乐指数，我们不妨一试。

1. 欣赏艺术

艺术的诞生是为了满足人们的精神需要。这里的艺术包括美术、戏曲、影视、诗歌、建筑、园艺、音乐等，但不限于此。优秀的艺术品有着强烈的感染力，能引发人们的情感共鸣与深入思考。多欣赏艺术，可以释放我们内心的痛苦、彷徨、困惑，并获得新的精神力量。

如今的文化娱乐产业越来越发达，传播和展示艺术的媒介也多种多样。大家在工作之余，或多或少都会接触一些文化娱乐产品。尽管并不是每一种文化娱乐产品都当得起“艺术品”这个荣誉称号，但它对特定受众的影响效果是一样的。因为它在这些受众心中依然是一种“艺术”。无论怎样，挑一种我们喜欢的艺术，每天都好好欣赏，让自己进入深度放松状态。

2. 坚持写作

可以试着创作文学作品，也可以只是普通地写日记。写作是一个抒发感情的过程，包括释放你心中的负能量。最重要的是把你全部的感受都如实地写出来，不要写对自己的批评，而要把你的痛苦、悲伤、愤怒、焦虑都写下来。

如果采用日记形式，就以“现在我感觉……”为开头，不用考虑谋篇布局，也不用字斟句酌，脑子里冒出什么内容就写什么内容。一切只是在抒发自己的感情，哪怕它是负面的情绪。如果采用的是文学创作形式，就围绕自己的情感来构建一个自己喜欢的故事，让思绪在想象中遨游，从而进入深度放松状态。

每天至少花半个小时写一段，并坚持下去。这样你就更明白自己内心的真实感受和想法，对问题有更深入的认识，并释放多余的压力，说不定能找出解决烦恼的办法。

3. 聆听音乐

音乐是一种能打动人心的艺术，能把我们内心的感受生动地表达出来，从而释放我们的压力。医学界已经把音乐疗法作为一种重要的康复治疗手段。科学研究表明，人在听音乐时，褪黑素会明显的增加。褪黑素分泌时间大多在夜间，作用是放松人的情绪，促进睡眠。此外，假如偏头痛患者在一定时期内持续听自己喜爱的音乐，头痛症状就会有所减轻。

当然，音乐本身种类很多，对应了人的不同情绪。如果选择不当，可能会起反作用。比如，生气的人听到了激昂的战斗曲可能变得更加暴躁好斗，悲痛的人听到忧伤的抒情曲可能会更加伤感。

很多人习惯边做事边听音乐。不过，最好是专门抽出时间，什么也不做，什么也不想，静静地从头到尾听自己喜爱的音乐。让音乐充分调动你的情绪，帮助你完整地抒发情感、释放压力。这样你才能充分体验到音乐带来的快乐。当你感到自己被音乐鼓舞时，可以不再把注意力集中在音乐上，而是去做打算做的事情，这样做才能事半功倍。

关于情绪的小知识

“心灵图像”又名“引导性幻想”，是一种心理治疗手段。这种手段利用了大脑的一个特性，即无论人们是经历了某个真实的事件，还是仅仅对该事件产生了生动鲜明的幻想，大脑的相同部位都会受到相应的刺激。也就是说，大脑会把我们的幻想视为“真实事件”来对待。“心灵图像”通过幻想制造逼真的心理经历，从而达到真实的亲身经历的体验效果，由此让患者变得更放松，减少恐惧心理，获得更愉悦、更舒适的感觉。

四大策略助你突破情感勒索

要点提示

a 了解突破情感勒索的四大策略。

b 当情感勒索者把所有的错都怪到你头上时，你要坚定自己的立场。

c 我们应该学会适时地展示真实而完整的自我。

当我们已经下定决心摆脱他人的情感勒索时，改变多年来的思维方式和行为习惯是一件痛苦的事情，你难免会感到恐惧、焦虑、烦躁和不知所措。尽管这些矛盾心理并没有动摇你的决心，但会延迟你改变现状的进程。为此，你可以利用以下四大策略来突破情感勒索的枷锁。

1. 采用非防御性的沟通方式

情感勒索者总是通过大吼大叫、横加指责、生闷气、装可怜等手段来让你感到恐惧、内疚，使你背上不属于你的责任。你应该在心中树立一道防线，不再为此感到恐惧或内疚。不过，诸如“我并不自私，真正自私的人是你”“你为什么不能理智一些呢？”“如果让你感到不愉快，我就改变主意”之类的话，属于一种带有抵抗性质的反应，会让对方认为你在针锋相对，从而激化双方的冲突。

你可以选择非防御性的沟通方式，比如，在回复对方的句子的开头用以下句式：

情绪小词典

担忧（worry）：

“担忧”的英文单词源于古英语的wyrgan（意思是“令……窒息”），原意是感到窒息，后来用于描述思绪混乱不安的样子。人们在分析了各种可能性后做了最坏的预想，这就是担忧产生的根源。

- “抱歉，让你生气了。”
- “我理解你的心情。”
- “等你平静下来，我们再聊一聊。”
- “你的意见值得深思。”

这些短小的、不带情绪的话，可以把双方的对话引向一个比较平和的氛围。接下来，当你准备宣布自己的决定时，尽量选择合适的时间、地点和不被打扰的环境。然后先阐述自己的感受和处境，再宣布决定。当对方威胁你放弃或指责你的品行时，你要坚定不移，不要针锋相对，把注意力放在自己的目标上，切忌陷入争论。

2. 邀请对方一同解决问题

当你陷入僵局时，这时，可以邀请对方一同解决问题，以缓解紧张的对立情绪。这时，可以使用以下句式：

- "你能否告诉我，这一点为什么对你如此重要？"
- "你能否告诉我，你为什么这样不高兴？"
- "你能否提一些建议，好让我们把问题解决。"
- "我想知道，如果……会怎样？"

人们不喜欢被冒犯或抵触，但乐于帮人摆平问题，因为这会显得他们很有本事。因此，当你要求对方一同解决问题时，表明你不再将其视为对手，而是将其视为盟友。这种姿态有助于改善双方的关系，找出能够解决问题的利益平衡点。

3. 制定合理的交换条件

没有人喜欢单方面进行让步并率先做出改变，但如果有合适的交换条件，人就会倾向于有条件的让步。谈判通常是一个相互妥协的过程，通过提出交换条件来达成共识。因此，当你希望情感勒索者做出改变时，自己也要做出相应的改变，这就是交换条件。不要试图让对方成为输家，这将激起对方的反抗，导致最终无法解决问题。

通过条件交换，双方各有所得，都不是输家。记住，你的目的并不是压制对方，剥夺对方的全部利益，只是在争取自己的合情、合理、合法的利益。只要能满足这个目标，你就可以在一些对你不重要且力所能及的问题上做出让步，以此作为交换条件。注意，这个交换条件等于是一个双方都应该遵守的约定。你应该以行动来落实该约定，否则就失去了谈判的意义。

4. 运用幽默

一本正经地讨论事情会让沟通氛围变得很严肃，让人绷紧神经，有时候不一定能取得好的效果。幽默是令人发笑的艺术，可以让双方的精神放松下来，减少不必要的冲突，从而更容易谈下去。最关键的是，幽默能减轻你内心的畏难情绪和紧张感，帮助你更好地表达自己的立场。

当然，只是随便说一个跟主题无关的笑话就太尴尬了。你可以回忆一下自己与情感勒索者共同经历的趣事。这种私密的事不仅能让双方感到好笑，还能让双方回想起过去种种美好的回忆。同时，对方可能因此触景生情，更容易明白你的感受，反思自己的不当行为，让双方的关系和好如初。

关于情绪的小知识

当你决定离开生命中重要的人时，你会面临情绪的强烈震荡和不安全感带来的危机。但危机并不仅仅意味着危险，如果你能理智、勇敢地应对危机，就可以实现自我成长，迈向更好的生活。此时，也是和一群有相同经验的人共同讨论的最佳时机。试着问问朋友或值得信赖的人，让他们推荐一些他们曾经从中受益的课程。你不需要独自承担这一切，但你必须确定你求助的对象能提供实际的治疗方法，而不是一个让成员互相比惨的宣泄平台。周围的这些支持力量，能在人生最低落的时候给予彼此强大的治愈力量，帮助彼此重建自信心，让人生的改变成为一种挑战，而非一个敌人。

培养好习惯，巩固情绪免疫系统

▶ 要点提示

a 遇到压力事件时，强烈情绪波动会让身体状态受损。

b 健康的生活习惯，有助于我们提高情绪免疫力。

c 积极的情感表达方式，能避免我们的大脑被负能量塞满。

我们在日常的工作、生活中难免会遇到压力事件，其中有些压力事件是可预测的，有些则是意料之外的。压力事件会让人产生强烈的情绪波动，从而导致身体健康和精神状态受损。情绪免疫系统和身体免疫系统是一体的，健康的生活习惯和积极的情感表达方式都能促进两者的改善。为了获得更好的情绪免疫力，我们要尽量养成以下几个好习惯。

1. 改善睡眠

如果你早上醒来后哈欠不止、昏昏欲睡，说明你的睡眠质量很糟糕。美国匹兹堡大学的学者研究发现，睡眠不足会让人体免疫系统中的“自然杀伤细胞”减少，这种细胞是对抗癌细胞的主要力量。身体免疫力的下降，也会让我们的精神状态随之下滑。人在被吵醒时会出现一阵短暂的“起床气”。若是长期睡眠不佳，各种消极情绪就会像癌细胞一样不断繁殖，侵蚀人的情绪调节能力。可以说，睡个好觉，养足精神，情绪才更容易管理，情商才能保持正常水平。

2. 保持良好的人际关系

良好的人际关系能让我们摆脱孤独无助的处境，更快地排解消极情绪，重新振作起来。事实上，人们的大部分消极情绪主要来自于人际关系方面的烦恼。比如，在竞争中输给别人会产生挫败感，被别人拒绝会产生失落感，遭到众人排挤会产生孤独感，被别人践踏自尊会产生羞耻感和自卑心理。当你处于良好的人际关系中时，就会变得乐观开朗，更容易感受生活中的幸福。情绪变好了，大脑会更清醒，为人处事也更自然大方。

3. 常看喜剧

喜剧中的幽默能松弛我们绷紧的神经，释放平时积攒的压力，让心情变得舒畅起来。喜剧电影和喜剧电视剧是幽默元素最主要的传播载体。这些节目并不回避生活中的酸甜苦辣，只是用了一种令人发笑的方式来展现。多看喜剧，培养幽默细胞，学会用幽默心态来对待困难，也是改善情绪、提高情商的一种有效办法。

4. 参加文化活动

参加文化活动的主要意义在于增加我们的社会联系。我们可以根据个人的兴趣爱好，与生活中或者社交媒体上认识的志趣相投的小伙伴一起参加文化活动。不只是在互联网上相谈甚欢，而是在线下也一起行动。通过参加文化活动，认识更多的人，巩固彼此的友谊。人在兴趣爱好中能获得极大的快乐，与同伴分享这种快乐有助于建立良好的人际关系。这些对我们的身心健康都有好处。

5. 每天坚持运动

运动的益处毋庸置疑。经常运动的人精力充沛、免疫力更强。精力充沛的人不容易产生倦怠感，情绪调节能力也更强。免疫力强则能让我们保持健康的身体状态，而身体好了，精神也会大为改善，这就形成了一个良性循环。需要注意的是，每个人应该根据自己的具体情况选择适合自己的运动项目，运动量也应该控制在适度范围内。过量运动反而会加速身体的劳损，让人的精神过于劳累，这无疑会降低我们的

> **情绪小词典**
>
> 自豪（pride）：
>
> 自豪感往往出现在人们战胜了困难或者完成了艰巨的任务时。自豪感会让人们暂时敞开心扉，热情地展示自我，内心阳光明媚。但自豪感也可能让人得意忘形、醉心于炫耀自己，因自我膨胀而变得傲慢自大。

情绪调节能力。

6. 经常按摩

现代很多人普遍缺乏良好的生活习惯，导致颈椎病、肩周炎、腰肌劳损等症状十分常见。这些症状会导致脑部供血不足，让我们思维迟钝、情绪低落。除了坚持足够的运动之外，经常按摩推拿也是一种缓解疲劳、宣泄压力的办法。通过专业按摩师的调理，我们身体上的酸胀、疼痛会大大减轻，气血更加畅通。人在浑身舒畅的情况下，心情会变得很好，也倾向于用积极的态度去处理事情。

7. 发挥想象力

想象力能带给我们很多好处，如缓解紧张焦虑。多想象一下美好的事物或者自己感兴趣的事物，想象的内容越丰富越好，细节越具体越好。你可以尝试沉浸在神游八极的状态中，把烦恼抛到脑后，尽情地编织自己感兴趣的故事。据科学研究表明，激活并发挥想象力可以让免疫系统中的“自然杀伤细胞”的活性与白细胞的数量有所增加。所以，善用想象力，身心都愉快。

8. 从乐观的角度看问题

无论是为尚未发生的事情而焦虑，还是为已经发生的事情而过度悲伤，在很大程度上都与悲观的思维方式有关。悲观的思维方式往往让人想逃避、退缩、拿别人泄愤或者过分内疚，从而增加心中的消极情绪。乐观的思维方式能转换我们对事情的认知，增加积极情绪，从而减少陷入压力和紧张状态中的次数。只要坚持做下去，你的情绪免疫力和心情平复能力就会显著提升，不再因为坏情绪而伤及无辜。

关于情绪的小知识

长期以来，人们错误地以为，人的免疫系统和大脑神经系统是相对独立的两个单位。然而医学研究表明，事实上两个系统时时刻刻都在进行着联系和沟通，相互传递信息。比如，人的情感确实会对其免疫系统造成影响。负向的情感，如恐惧、愤怒以及愧疚会降低人体免疫功能，对记忆力造成伤害。在一个人感到气愤或者出现剧烈的情绪变化之后，肌体的免疫力就会有所降低，病毒就会趁机入侵人体。

后记
Postscript

情绪管理能力体现了一个人的情商水平。但不少人误以为高情商就是永不发怒，就是永远让其他人满意，就是始终保持阳光心态。这种想法严重脱离了实际，如果真按照这些认知去修炼自己的情商，迟早会因为消极情绪无法有效排解而走向精神崩溃的深渊。

消极情绪和积极情绪的关系如同太极中的阴阳，相生相克，相辅相成。我们要记住一句老话——“阴在阳之内，不在阳之对”。也就是说，消极情绪无法被彻底消灭，只能被转化或中和。若是不分青红皂白地强行压抑消极情绪，我们将为此消耗大量精力，无力去感受生活中的美好，自然也不会产生足够的积极情绪。

本书自始至终都在呼吁大家正视自己的消极情绪，对自己的痛苦报以同情和理解的态度。在此基础上，用正向思维来激活正能量，以积极情绪来平衡消极情绪，最终实现内心的平和与安宁。

我们在管理情绪时离不开知识的力量与情感的力量。知识的力量可以帮助我们破除诱发消极情绪的非理性思维，减少自我否定、自我怀疑、自我迷失的误区，让我们坦然地面对自己的真实内心。情感的力量则能有效治愈我们心灵上的创伤，提高情感的韧性和免疫力，让人更快地恢复身心健康。

心理学知识和情绪管理技巧博大精深，本书为读者提供的知识原理不过是九牛一毛。至于情感的力量，就不是单靠书本所讲的内容能获得的东西了。因为情感的力量产生于人与人之间的交往。要想把知识与情感管理两种力量整合在一起，唯有在人际社交中不断实践，踏踏实实地迈出自己的脚步。实践出真知，真知促实践，知识与情感的两种力量相互补充，会给我们的心灵带来良性循环。

高情商人士的情绪修行之路并不复杂。我相信，只要能坚持不懈，人人都能提高自己的情商，不再沦为消极情绪的俘虏，真正成为情绪的主人。